普 通 高 等 教 育 机 电 类 专 业 规 划 教 材
河南省"十二五"普通高等教育规划教材
经河南省普通高等教育教材建设指导委员会审定

数控铣削（加工中心）加工技术

第 2 版

主　编　肖　龙　赵军华

副主编　冯金广　谢　芳　董　延

参　编　程改兰　李志敏　李鹏鹏　李智明

主　审　李自鹏　胡修池

机 械 工 业 出 版 社

本书是根据数控技术领域职业岗位群的需求，打破传统的学科型课程架构，突破定界思维，以"工学结合"为切入点，以工作过程为导向，来确定课程内容的一体化任务式教材，是根据高职高专数控技术专业课程标准，并参照国家职业标准《数控铣工》《加工中心操作工》的理论知识要求和技能要求编写的。本书主要以华中系统和FANUC系统为主，讲解数控铣床、加工中心的编程和加工的相关知识。主要内容包括：数控铣削加工工艺的制订、典型零件的数学处理、简单零件的数控铣削编程、复杂零件的数控铣削编程、非圆曲线的变量编程、简单零件的数控铣削加工、复杂零件的数控铣削加工及配合零件的数控铣削加工，共八个任务。本书特点是借鉴德国"双元制"先进职业教育理念，对传统学科型教材进行整合，淡化学科体系，着重动手能力的培养，达到"教-学-做"一体化。

本书可作为高职高专、成人高校及本科院校举办的二级职业技术学院数控技术、机电一体化技术等专业的教材，也可作为工厂中主要从事数控铣削加工的技术人员和操作人员的培训教材，还可供其他相关技术人员参考。

本书配有电子课件，凡使用本书作教材的教师可登录机械工业出版社教育服务网（http://www.cmpedu.com），注册后免费下载，或发送电子邮件至 cmpgaozhi@sina.com 索取。咨询电话：010-88379375。

图书在版编目（CIP）数据

数控铣削（加工中心）加工技术/肖龙，赵军华主编.
—2版. —北京：机械工业出版社，2016.10（2018.9重印）
普通高等教育机电类专业规划教材　河南省"十二五"普通高等教育规划教材

ISBN 978-7-111-55034-1

Ⅰ.①数… Ⅱ.①肖…②赵… Ⅲ.①数控机床-铣削-高等学校-教材 Ⅳ.①TG547

中国版本图书馆 CIP 数据核字（2016）第 232030 号

机械工业出版社（北京市百万庄大街22号　邮政编码100037）
策划编辑：王英杰　责任编辑：王英杰　武　晋
封面设计：鞠　杨　责任校对：李锦莉
责任印制：常天培
北京京丰印刷厂印刷
2018年9月第2版·第2次印刷
184mm×260mm·14.75 印张·356 千字
标准书号：ISBN 978-7-111-55034-1
定价：36.00 元

前言

本书是根据高职高专数控技术专业课程标准，并参照国家职业标准《数控铣工》《加工中心操作工》的理论知识要求和技能要求编写的。

本书是根据数控技术领域职业岗位群的需求，以"工学结合"为切入点，以工作过程为导向，打破传统的学科型课程架构，突破定界思维，采用任务驱动模式编写的一体化工学结合教材。每个任务包括任务描述及目标、任务资讯、任务实施、任务评价与总结提高四个基本部分。

本书借鉴德国"双元制"先进职业教育理念，对传统学科型教材进行整合，淡化学科体系，以工作过程为导向，达到"教、学、做"一体化。在任务选取上，通过资讯、决策、计划、实施、检查以及评估六步法，选择企业中普遍应用或较先进的课题，确定适合教学应用的任务内容。本书以实用性、科学性、针对性和趣味性为特色，根据基于工作过程系统化的专业学习领域的要求编写而成。本书整合数控铣削编程与操作实训、数控铣削加工工艺、数控刀具等内容，结合企业实际生产，选取企业中真实的零件为实例，通过一体化教学，培养学生的专业能力、方法能力以及社会能力。

本书在内容上力求做到理论与实际相结合，按照循序渐进的要求，由简单到复杂，由易到难，内容丰富，实用性强。本书内容上包括八个任务：任务1 数控铣削加工工艺的制订；任务2 典型零件的数学处理；任务3 简单零件的数控铣削编程；任务4 复杂零件的数控铣削编程；任务5 非圆曲线的变量编程；任务6 简单零件的数控铣削加工；任务7 复杂零件的数控铣削加工；任务8 配合零件的数控铣削加工。

本书可作为高职高专、成人高校及本科院校举办的二级职业技术学院数控技术、机电一体化技术等专业教材，也可作为企业中从事数控铣削加工的技术人员和操作人员的培训教材，还可供其他相关技术人员参考。

本书由河南职业技术学院肖龙、赵军华任主编。任务1由河南职业技术学院李志敏、郑州煤矿机械集团股份有限公司李智明编写；任务2由河南职业技术学院肖龙编写；任务3由河南职业技术学院谢芳、李鹏鹏编写；任务4由河南职业技术学院赵军华编写；任务5、任务8由河南职业技术学院冯金广、郑州信息科技职业学院程改兰编写；任务6由河南职业技术学院董延编写；任务7由河南职业技术学院谢芳编写。全书由赵军华统稿。

本书由黄河水利职业技术学院李自鹏、胡修池审定。洛阳空空导弹研究院鲁宏勋审阅了本书。在本书的编写过程中，得到了黄河水利职业技术学院、郑州煤矿机械集团股份有限公司、安阳鑫盛机床股份有限公司、郑州日新精工有限公司的大力支持，在此一并深表谢意。同时对有关参考资料、参考文献的作者表示衷心感谢。

由于编写的时间仓促，书中难免有疏漏之处，恳请读者批评指正。

编　者

目 录

CONTENTS

CONTENTS

任务1 数控铣削加工工艺的制订

1.1 任务描述及目标

　　数控铣削加工工艺问题的处理与普通铣削加工基本相同，但又有其特点。因此，在设计零件的数控铣削加工工艺时，既要遵循普通铣削加工工艺的基本原则和方法，又要考虑数控铣削加工本身的特点和零件编程要求。

　　通过本任务内容的学习，学生了解数控铣削的主要加工对象等相关概念，熟练掌握数控铣削加工工件的安装方式。掌握如何选择并确定数控铣削加工的内容，熟练掌握数控铣削加工工艺性的分析方法。理解制订数控铣削加工工艺时加工工序的划分方法，掌握进给路线选择方法，切入切出路径的确定，顺、逆铣及切削方向和方式的确定方法，了解反向间隙误差的存在原因和避免方式。

1.2 任务资讯

1.2.1 数控铣削的主要加工对象

　　铣削是机械加工中最常用的加工方法之一，主要包括平面铣削和轮廓铣削。此外，在数控铣床上也可以对零件进行钻、扩、铰和镗孔及攻螺纹等加工。适宜于数控铣削的零件有：

1. 平面类零件

　　平面类零件的特点是各个加工表面是平面，或可以展开为平面，如图 1-1 所示。目前在数控铣床上加工的绝大多数零件属于平面类零件。平面类零件是数控铣削加工对象中最简单的一类，一般只需用三轴数控铣床的两轴联动（即两轴半坐标加工）就可以加工。

带平面轮廓的平面类零件

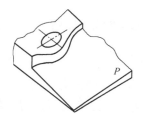
带斜平面的平面类零件

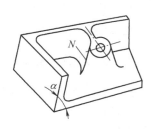
带正台和斜肋的平面类零件

图 1-1　平面类零件

2. 变斜角类零件

加工面与水平面的夹角呈连续变化的零件称为变斜角类零件，如图 1-2 所示的飞机上变斜角梁缘条。加工变斜角类零件最好采用四轴或五轴数控铣床进行摆角加工。若没有上述机床，也可在三轴数控铣床上采用两轴半控制的行切法进行近似加工，但精度稍差。

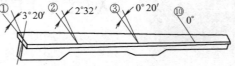

3. 曲面类（立体类）零件

加工面为空间曲面的零件称为曲面类零件。曲面类零件的加工面与铣刀始终为点接触，一般

图 1-2　飞机上变斜角梁缘条

采用三轴联动的数控铣床加工，常用的加工方法主要有以下两种：

（1）采用两轴半联动行切法加工　行切法是在加工时只有两个坐标联动，另一个坐标按一定行距进行周期的行进给。这种方法常用于不太复杂的空间曲面加工。

（2）采用三轴联动方法加工　所用的铣床必须具有 X、Y、Z 三轴联动加工功能，可进行空间直线插补。这种方法常用于发动机及模具等较复杂空间曲面的加工。

1.2.2　数控铣削加工选择定位基准应遵循的原则

1）尽量选择零件上的设计基准作为定位基准。选择设计基准作为定位基准定位，不仅可以避免因基准不重合引起的定位误差，保证加工精度，而且可以简化程序编制。在制订零件的加工方案时，首先要按基准重合原则选择最佳的精基准来安排零件的加工路线。这就要求在最初加工时，就要考虑以哪些面为粗基准把作为精基准的各面加工出来。

2）当零件的定位基准与设计基准不能重合，且加工面与设计基准又不能在一次安装内同时加工时，应认真分析零件图样，确定该零件设计基准的设计功能，通过尺寸链的计算，严格规定定位基准与设计基准间的公差范围，确保加工精度。

3）当在数控铣床上无法同时完成包括设计基准在内的全部表面加工时，要考虑用所选基准定位后，一次装夹能够完成全部关键精度部位的加工。

4）定位基准的选择要保证完成尽可能多的加工内容。为此，需考虑便于各个表面都能加工的定位方式。对于非回转类零件，最好采用一面两孔的定位方案，以便对其他表面进行加工。若工件上没有合适的孔，可通过增加工艺孔进行定位。

5）批量加工时，零件定位基准应尽可能与建立工件坐标系的对刀基准（对刀后，工件坐标系原点与定位基准间的尺寸为定值）重合。工件采用夹具定位安装，刀具一次对刀建立工件坐标系后加工一批工件。建立工件坐标系的对刀基准与零件定位基准重合可直接按定位基准对刀，减少定位误差。

6）当必须多次安装时，应遵从基准统一原则。

1.2.3　对刀点与换刀点的确定

对于数控机床来说，在加工开始时，确定刀具与工件的相对位置是很重要的，它是通过对刀点来实现的。"对刀点"是指通过对刀确定刀具与工件相对位置的基准点。在程序编制时，不管实际上是刀具相对工件移动，还是工件相对刀具移动，都把工件看作静止；而刀具在运动。对刀点往往也是零件的加工原点。

选择对刀点的原则是：

1）方便数学处理和简化程序编制。

2）在机床上容易找正，便于确定零件的加工原点的位置。

3）加工过程中便于检查。

4）引起的加工误差小。

对刀点可以设在零件、夹具或机床上，但必须与零件的定位基准有已知的准确关系。当对刀精度要求较高时，对刀点应尽量选在零件的设计基准或工艺基准上。对于以孔定位的零件，可以取孔的中心作为对刀点。

对刀时应使对刀点与刀位点重合。所谓刀位点，是指确定刀具位置的基准点，如平头立铣刀的刀位点一般为铣刀端面中心；球头铣刀的刀位点取为球刀球心；钻头的刀位点为钻尖。

"换刀点"应根据工序内容来安排，其位置应根据换刀时刀具不碰到工件、夹具和机床的原则而定。换刀点往往是固定的点，且设在距离工件较远的地方。

1.2.4　数控铣削加工的内容

数控铣削加工有着自己的特点和适用对象，若要充分发挥数控铣床的优势和关键作用，就必须正确选择数控铣床类型、数控加工对象与工序内容。数控铣削加工的主要对象如下：

1）工件上的曲线轮廓，特别是由数学表达式给出的非圆曲线与列表曲线等曲线轮廓。

2）已给出数学模型的空间曲面。

3）形状复杂、尺寸繁多、划线与检测困难的部位。

4）用通用铣床加工时难以观察、测量和控制进给的内外凹槽。

5）以尺寸协调的高精度孔或面。

6）能在一次安装中顺带铣出来的简单表面或形状。

7）采用数控铣削后能成倍提高生产率，大大减轻体力劳动强度的一般加工内容。

此外，立式数控铣床和立式加工中心适于加工箱体、箱盖、平面凸轮、样板、形状复杂的平面或立体零件，以及模具的内、外型腔等；卧式数控铣床和卧式加工中心适于加工复杂的箱体类零件、泵体、阀体、壳体等；多坐标联动的卧式加工中心还可以用于加工各种复杂的曲线、曲面、叶轮、模具等。

1.2.5　数控铣削加工工艺性的分析

1. 检查零件图的完整性和正确性

1）各图形几何要素间的相互关系（如相切、相交、垂直、平行和同轴或同心等）应明确。

2）各种几何要素的条件要充分，应无引起矛盾的多余尺寸或影响工序安排的封闭尺寸等。

2. 检查自动编程时的零件数学模型

建立复杂表面数学模型后，须仔细检查数学模型的完整性、合理性及几何拓扑关系的逻辑性。

完整性指是否表达了设计者的全部意图。

合理性指生成的数学模型中的曲面是否满足曲面造型的要求。

1

PROJECT

3

几何拓扑关系的逻辑性指曲面与曲面之间的相互关系（如位置连续性、切矢连续性、曲率连续性等）是否满足指定的要求，曲面的修剪是否干净、彻底等。

要生成合理的刀具运动轨迹，必须首先生成准确无误的数学模型。因此，数控编程所需的数学模型必须满足以下要求：

1）数学模型是完整的几何模型，不能有多余的或遗漏的曲面。

2）数学模型不能有多义性，不允许有曲面重叠现象存在。

3）数学模型应是光滑的几何模型。

4）对外表面的数学模型，必须进行光顺处理，以消除曲面内部的微观缺陷。

5）数学模型中的曲面参数曲线分布合理、均匀，曲面不能有异常的凸起或凹坑。

1.2.6 零件结构工艺性的分析及处理

1. 零件图样上的尺寸标注应方便编程

在实际生产中，零件图样上尺寸标注对工艺性影响较大，为此对零件设计图样应提出不同的要求。

2. 分析零件的变形情况，保证获得要求的加工精度

过薄的底板或肋板，在加工时由于产生的切削拉力及薄板的弹力退让极易产生切削面的振动，使薄板厚度尺寸公差难以保证，其表面粗糙度值也增大。零件在数控铣削加工时的变形，不仅影响加工质量，而且当变形较大时，将使加工不能继续下去。

预防措施如下：

1）对于大面积的薄板零件，改进装夹方式，采用合适的加工顺序和刀具。

2）采用适当的热处理方法，如对钢件进行调质处理，对铸铝件进行退火处理。

3）采用粗、精加工分开及对称去除余量等措施来减小或消除变形的影响。

3. 尽量统一零件轮廓内圆弧的有关尺寸

（1）轮廓内圆弧半径 R 常常限制刀具的直径　在一个零件上，凹圆弧半径在数值上一致性的问题对数控铣削的工艺性显得相当重要。零件的外形、内腔最好采用统一的几何类型或尺寸，这样可以减少换刀次数。

一般来说，即使不能寻求完全统一，也要力求将数值相近的圆弧半径分组靠拢，达到局部统一，以尽量减少铣刀规格和换刀次数，并避免因频繁换刀而增加零件加工面上的接刀阶差，提高加工表面质量。

（2）转接圆弧半径值大小的影响　转接圆弧半径大，可以采用较大直径的精铣刀加工，效率高，且加工表面质量也较好，因此工艺性较好。

铣削面的槽底面圆角或底板与肋板相交处的圆角半径 r 越大，铣刀端刃铣削平面的能力越差，效率也越低。当 r 达到一定程度时甚至必须用球头铣刀加工，这是应当避免的。当铣削的底面面积较大，底部圆弧 r 也较大时，我们只能用两把 r 不同的铣刀分两次进行切削。

4. 保证基准统一原则

有些零件需要在加工中重新安装，而数控铣削不能使用"试切法"来接刀，这样往往会因为零件的重新安装而接不好刀。这时，最好采用统一基准定位，因此零件上应有合适的孔作为定位基准孔。如果零件上没有基准孔，也可以专门设置工艺孔作为定位基准。

1.2.7　零件毛坯的工艺性分析

1. 毛坯应有充分、稳定的加工余量

毛坯主要指锻件、铸件。锻件在锻造时欠压量与允许的错模量会造成余量不均匀；铸件在铸造时会因砂型误差、收缩量及金属液体的流动性差不能充满型腔等原因造成余量不均匀。此外，毛坯的挠曲和扭曲变形量的不同也会造成加工余量不充分、不稳定。

为此，在对毛坯进行设计时应加以充分考虑，即在零件图样上注明非加工面处增加适当的余量。

2. 分析毛坯的装夹适应性

主要考虑毛坯在加工时定位和夹紧的可靠性与方便性，以便在一次安装中加工出较多表面。对不便装夹的毛坯，可考虑在毛坯上另外增加装夹余量或工艺凸台、工艺凸耳等辅助基准。

3. 分析毛坯的变形、余量大小及均匀性

分析毛坯加工中与加工后的变形程度，考虑是否应采取预防性措施和补救措施。如对于热轧中、厚铝板，经淬火时效后很容易产生加工变形，这时最好采用经预拉伸处理的淬火板坯。

对毛坯余量大小及均匀性，主要考虑在加工中要不要分层铣削，分几层铣削。在自动编程中，这个问题尤为重要。

1.2.8　加工工序的划分

在数控机床上特别是在加工中心上加工零件，工序十分集中，许多零件只需在一次装夹中就能完成全部工序。但是零件的粗加工，特别是铸、锻毛坯零件的基准平面、定位面等的加工应在普通机床上完成之后，再装到数控机床上进行加工。这样可以发挥数控机床的优势，保持数控机床的精度，延长数控机床的使用寿命，降低数控机床的使用成本。在数控机床上加工零件，其工序划分的方法有：

（1）刀具集中分序法　即按所用刀具划分工序，用同一把刀加工完零件上所有可以完成的部位，再用第二把刀、第三把刀完成它们可以完成的其他部位。这种分序法可以减少换刀次数，压缩空程时间，减少不必要的定位误差。

（2）粗、精加工分序法　这种分序法是根据零件的形状、尺寸精度等因素，按照粗、精加工分开的原则进行分序。对单个零件或一批零件先进行粗加工、半精加工，而后进行精加工。粗、精加工之间最好隔一段时间，以使粗加工后零件的变形得到充分恢复，以提高零件的加工精度。

（3）按加工部位分序法　即先加工平面、定位面，再加工孔；先加工简单的几何形状，再加工复杂的几何形状；先加工精度比较低的部位，再加工精度要求较高的部位。

总之，在数控机床上加工零件，其加工工序的划分要视加工零件的具体情况具体分析。许多工序的安排是综合了上述各分序法的。

1.2.9　选择进给路线

1. 确定进给路线的原则

进给路线是数控加工过程中刀具相对于工件的运动轨迹和方向。进给路线的确定非常重

5

要，因为它与零件的加工精度和表面质量密切相关。确定进给路线的一般原则是：

1）保证零件的加工精度和表面粗糙度。

2）方便数值计算，减少编程工作量。

3）缩短进给路线，减少进退刀时间和其他辅助时间。

4）尽量减少程序段数。

2. 选择进给路线应注意的问题

（1）避免引入反向间隙误差　数控机床在往复运动时会出现反向间隙，如果在进给路线中将反向间隙带入，就会影响刀具的定位精度，增加工件的定位误差。例如精镗图1-3所示的四个孔，由于孔的位置精度要求较高，因此安排镗孔路线的问题就显得比较重要，安排不当就有可能把坐标轴的反向间隙带入，直接影响孔的位置精度。这里给出两个方案，方案a如图1-3a所示，方案b如图1-3b所示。不难看出，方案a中由于Ⅳ孔与Ⅰ、Ⅱ、Ⅲ孔的定位方向相反，X向的反向间隙会使定位误差增加，从而影响Ⅳ孔的位置精度。在方案b中，当加工完Ⅲ孔后并没有直接在Ⅳ孔处定位，而是多运动了一段距离，然后折回来在Ⅳ孔处定位。这样Ⅰ、Ⅱ、Ⅲ孔与Ⅳ孔的定位方向是一致的，就可以避免引入反向间隙的误差，从而提高了Ⅳ孔与各孔之间的孔距精度。

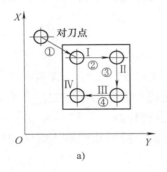 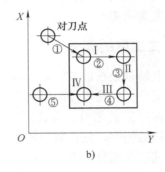

图1-3　镗铣加工路线图

（2）切入切出路径　在铣削轮廓表面时，一般用立铣刀侧面刃进行切削，由于主轴系统和刀具的刚度变化，当沿法向切入工件时，会在切入处产生刀痕，所以应尽量避免沿法向切入工件。当铣切外表面轮廓形状时，应安排刀具沿零件轮廓曲线的切向切入工件，并且在其延长线上加入一段外延距离，以保证零件轮廓的光滑过渡。同样，在切出零件轮廓时也应从工件曲线的切向延长线上切出，如图1-4a所示。

当铣削内表面轮廓形状时，也应该尽量遵循从切向切入的方法，但此时切入无法外延，最好安排从圆弧过渡到圆弧的加工路线。切出时也应多安排一段过渡圆弧再退刀，如图1-4b所示。当实在无法沿零件曲线的切向切入、切出时，铣刀只有沿法线方向切入和切出，在这种情况下，切入、切出点应选在零件轮廓两几何要素的交点上，而且进给过程中要避免停顿。

为了消除由于系统刚度变化引起进退刀时的痕迹，可采用多次进给的方法，减小最后精铣时的余量，以减小切削力。

在切入工件前应该已经完成刀具半径补偿，而不能在切入工件的同时进行刀具补偿，如

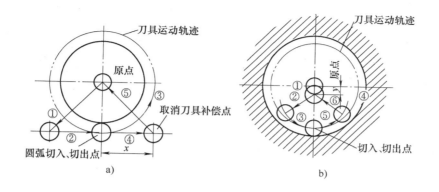

图1-4　铣削圆的加工路线

a）铣削外圆加工路径　b）铣削内圆加工路径

图1-4a所示，这样会产生过切现象。为此，应在切入工件前的切向延长线上另找一点，作为完成刀具半径补偿点，如图1-4b所示。

例如：如图1-5所示，零件的切入切出路线应当考虑切入点及延长线方向。

（3）顺、逆铣及切削方向和方式的确定　在铣削加工中，若铣刀的进给方向与所在切削点的切削分力方向相同时，则称为顺铣；反之则称为逆铣。由于采用顺铣方式时，零件的表面质量和加工精度较高，并且可以减少机床的"颤振"，所以在铣削加工零件轮廓时应尽量采用顺铣加工方式。

若要铣削内沟槽的两侧面，就应来回走刀两次，保证两侧面都是顺铣加工方式，以使两侧面具有相同的表面质量和加工精度。

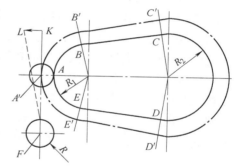

图1-5　切入切出路径

1.2.10　数控铣削加工工艺参数的确定

1. 步长 l（步距）的确定

步长 l（步距）——每两个刀位点之间距离的长度，决定刀位点数据的多少。

曲线轨迹步长 l 的确定方法有两种。

（1）直接定义步长法　在编程时直接给出步长值，根据零件加工精度确定。

（2）间接定义步长法　通过定义逼近误差来间接定义步长。

2. 逼近误差 e_r 的确定

逼近误差 e_r——实际切削轨迹偏离理论轨迹的最大允许误差。

有三种定义逼近误差方式。

1）指定外逼近误差值（见图1-6a）。以留在零件表面上的剩余材料作为误差值（精度要求较高时一般采用，选为 $0.0015\sim0.03\text{mm}$）。

7

2）指定内逼近误差值（见图1-6b）。表示可被接受的表面过切量。

3）同时指定内、外逼近误差（见图1-6c）。

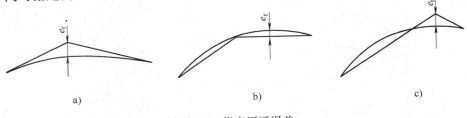

图1-6　指定逼近误差

3. 行距 S（切削间距）的确定

行距 S（切削间距）——加工轨迹中相邻两行刀具轨迹之间的距离。行距小，加工精度高，但加工时间长，费用高；行距大，加工精度低，零件型面失真性较大，但加工时间短。

定义行距有如下两种方法：

（1）直接定义行距　算法简单、计算速度快，适于粗加工、半精加工和形状比较平坦零件的精加工的刀具运动轨迹的生成。

（2）用残留高度 h 来定义行距　残留高度 h 是指加工表面的法矢量方向上两相邻切削行之间残留沟纹的高度。h 大，表面粗糙度值大；h 小，可以提高加工精度，但程序长，占机时间成倍增加，效率降低。

选取行距时应考虑如下因素：

粗加工时，行距可选得大些；精加工时，行距选得小一些。有时为减小刀峰高度，可在原两行之间加密行切一次，即进行曲刀峰处理，这相当于将 S 减小一半，实际效果更好些。

4. 背吃刀量 a_p 与侧吃刀量 a_e

背吃刀量 a_p——平行于铣刀轴线测量的切削层尺寸。

侧吃刀量 a_e——垂直于铣刀轴线测量的切削层尺寸。

从刀具寿命的角度出发，切削用量的选择方法是：先选取背吃刀量 a_p 或侧吃刀量 a_e，其次确定进给速度，最后确定切削速度。

如果零件精度要求不高，在工艺系统刚度允许的情况下，最好一次切除加工余量，以提高加工效率；如果零件精度要求高，为保证精度和表面粗糙度，只好采用多次进给。

5. 与进给有关参数的确定

在加工复杂表面的自动编程中，有五种进给速度须设定，它们是：

（1）快速进给速度（空刀进给速度）　为节省非切削加工时间，快速进给速度一般选为机床允许的最大移动速度，即 G00 速度。

（2）下刀速度（接近工件表面进给速度）　为使刀具安全可靠地接近工件而不损坏机床、刀具和工件，下刀速度不能太高，要小于或等于切削进给速度。对软材料一般为 200mm/min；对钢类或铸铁类一般为 50mm/min。

（3）切削进给速度　切削进给速度应根据所采用机床的性能、刀具材料和尺寸、被加工材料的切削加工性能和加工余量的大小来综合确定。

一般原则是：工件表面的加工余量大，切削进给速度低；反之相反。

切削进给速度可由机床操作者根据工件表面的具体情况进行手工调整，以获得最佳切削状态。切削进给速度不能超过按逼近误差和插补周期计算所允许的进给速度。其建议值如下：

加工塑料类零件为 1500mm/min；

加工大余量钢类零件为 250mm/min；

精加工小余量钢类零件为 500mm/min；

精加工铸件为 600mm/min。

（4）行间连接速度（跨越进给速度） 行间连接速度是指刀具从一切削行运动到下一切削行的运动速度。该速度一般小于或等于切削进给速度。

（5）退刀进给速度（退刀速度） 为节省非切削加工时间，退刀进给速度一般选为机床允许的最大进给速度，即 G00 速度。

6. 与切削速度有关的参数确定

（1）切削速度 v_c 切削速度 v_c 的高低主要取决于零件的精度和材料、刀具的材料和寿命等因素。

（2）主轴转速 n 主轴转速 n 根据允许的切削速度 v_c 来确定

$$n = \frac{1000v_c}{\pi d} \tag{1-1}$$

式中 d——刀具直径（mm）。

理论上，v_c 越大越好，这样可以提高生产率，而且可以避开生成积屑瘤的临界速度，获得较低的表面粗糙度值。但实际上由于机床、刀具等的限制，使用国内机床、刀具时允许的切削速度常常只能在 100～200m/min 范围内选取。

1.3 任务实施

1.3.1 一般零件的铣削加工工艺分析与制订

加工图 1-7 所示的端盖，材料为 HT200，毛坯尺寸长×宽×高为 170mm×110mm×50mm，试分析并制订该零件的数控铣削加工工艺，如零件图分析、装夹方案、加工顺序、刀具卡片、工序卡片等。

1. 工艺分析与制订

（1）零件图工艺分析 该零件主要由平面、孔及外轮廓组成，平面与外轮廓的表面粗糙度值为 $Ra6.3\mu m$，可采用粗铣—精铣方案。

（2）确定装夹方案 根据零件的特点，加工上表面、$\phi60mm$ 外圆及其台阶面和孔系时选用机用平口钳夹紧；铣削外轮廓时，采用一面两销的定位方式，即以底面、$\phi40H7$ 和 $\phi13mm$ 孔定位。

（3）确定加工顺序 按照基面先行，先面后孔，先粗后精的原则确定加工顺序，即粗加工定位基准面（底面）→$\phi60mm$ 外圆及其台阶面→孔系加工→外轮廓铣削→精加工底面

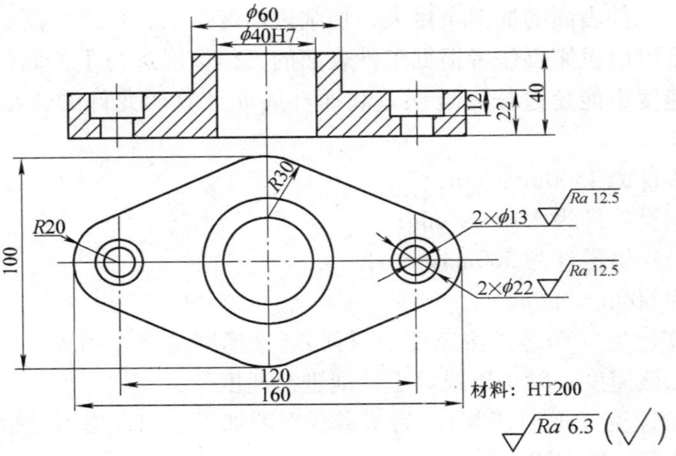

图 1-7 端盖

并保证尺寸 $\phi40$mm。

（4）刀具选择 见表 1-1。

表 1-1 加工刀具的选择

产品名称或代号				零件名称	端 盖	零件图号	
序号	刀号	刀具规格/mm、名称	数量	加工表面		刀具半径/mm	
1	T01	$\phi20$ 硬质合金立铣刀	1	铣削上、下表面		10	
2	T02	$\phi12$ 硬质合金立铣刀	1	铣削外圆及其台阶面		6	
3	T03	$\phi38$ 钻头	1	钻 $\phi40$mm 底孔			
4	T04	$\phi40$ 镗孔刀	1	镗 $\phi40$mm 内孔			
5	T05	$\phi13$ 钻头	1	钻 $2\times\phi13$mm 螺纹底孔			
6	T06	$\phi22\times14$ 锪钻	1	$2\times\phi22$mm 锪孔			
7	T07	$\phi8$ 硬质合金立铣刀	1	铣削外轮廓		4	
编制		审核		批准			

（5）切削用量的选择 粗铣平面、$\phi60$mm 外圆及其台阶面和外轮廓时可留 0.5mm 的精加工余量，精铣一次走完。确定主轴转速时，可先查切削用量手册，硬质合金铣刀加工铸铁（190～260HBW）时的切削速度为 45～90m/min，取 $v_c=70$m/min，根据式（1-1）计算主轴转速，并填入工序卡片中。确定进给速度时，根据铣刀齿数、主轴转速和切削用量手册中给出的每齿进给量，计算进给速度并填入工序卡片中。拟订数控加工工序卡片见表 1-2。把零件加工顺序、采用的刀具和切削用量等参数编入数控加工工序卡片中，以指导编程加工操作。

表 1-2 数控加工工序卡片

单位	产品名称		零件名称			零件图号			
			端盖						
工序	程序编号	夹具名称和定位方式	使用设备			场地			
		机用平口钳和一面两销	TH5640D 型加工中心			数控实训室			
工步	工步内容		刀号	刀具规格/mm	主轴转速 /（r/min）	进给速度 /（mm/min）	背吃刀量 /mm	备注
1	粗铣定位基准面（底面）		T01	ϕ20 硬质合金铣刀	500	200	4	
2	粗铣上表面		T01	ϕ20 硬质合金铣刀	500	200	5	
3	精铣上表面		T01	ϕ20 硬质合金铣刀	1000	100	0.5	
4	粗铣 ϕ60mm 外圆及其台阶面		T02	ϕ12 硬质合金立铣刀	500	200	5	
5	精铣 ϕ60mm 外圆及其台阶面		T02	ϕ12 硬质合金立铣刀	600	100	0.5	
6	钻 ϕ40H7 底孔		T03	ϕ38 钻头	400	50	19	
7	粗镗 ϕ40H7 内孔表面		T04	ϕ40 镗孔刀	400	100	0.8	
8	精镗 ϕ40H7 内孔表面		T04	ϕ40 镗孔刀	900	100	0.2	
9	钻 2×ϕ13mm 螺纹孔		T05	ϕ13 钻头	500	50	6.5	
10	2×ϕ22mm 锪孔		T06	ϕ22×14 锪钻	350	200	4.5	
11	粗铣外轮廓		T07	ϕ8 硬质合金立铣刀	800	200	11	
12	精铣外轮廓		T07	ϕ8 硬质合金立铣刀	1200	100	22	
13	粗铣定位基面至尺寸 40mm		T01	ϕ20 硬质合金铣刀	500	100	0.2	
编制		审核		批准		年 月 日	共 页	第 页	

2. 主要操作步骤

ϕ40mm 圆的圆心处为工件编程的 X、Y 轴原点坐标，Z 轴原点坐标在工件上表面。

1）粗铣定位基准面（底面）。采用机用平口钳装夹，在 MDI 或手动方式下，用 ϕ20mm 硬质合金铣刀，主轴转速为 500r/min。

2）粗铣上表面。起刀点坐标为（150，0，-5），其余同步骤1）。

3）精铣上表面。起刀点坐标为（150，0，-0.5），主轴转速为 1000r/min，进给速度为 100mm/min。

4）粗铣 ϕ60mm 外圆及其台阶面。在自动方式下，用 ϕ12mm 硬质合金立铣刀，主轴转速为 500r/min，进给速度为 200mm/min。

5）精铣 ϕ60mm 外圆及其台阶面。用 ϕ12mm 硬质合金立铣刀，主轴转速为 600r/min，进给速度为 100mm/min。

6）钻 ϕ40H7 底孔。在 MDI 或手动方式下，用 ϕ38mm 的钻头钻底孔，主轴转速为

1 PROJECT

400r/min，进给速度为 50mm/min。

7）粗镗 ϕ40H7 内孔表面。主轴转速为 400r/min，进给速度为 100mm/min。

8）精镗 ϕ40H7 内孔表面。主轴转速为 900r/min，进给速度为 100mm/min。

9）钻 $2 \times \phi$13mm 螺纹孔。在 MDI 或手动方式下，用 ϕ13mm 的钻头，主轴转速为 500r/min，进给速度为 50mm/min。

10）$2 \times \phi$22mm 锪孔。在 MDI 或手动方式下，用 ϕ22mm $\times$ 14mm 的锪钻，主轴转速为 350r/min，进给速度为 200mm/min。

11）粗铣外轮廓。在自动方式下，用 ϕ8mm 硬质合金立铣刀，主轴转速为 800r/min，进给速度为 200mm/min。

12）精铣外轮廓。在 MDI 或手动方式下，用 ϕ8mm 硬质合金立铣刀，主轴转速为 1200r/min，进给速度为 100mm/min。

13）粗铣定位基面至尺寸 40mm。方法同步骤 1）。

1.3.2 型腔类零件的铣削加工工艺分析与制订

加工图 1-8 所示的零件，毛坯尺寸为 120mm $\times$ 120mm $\times$ 20mm，工件材料为铝。根据图样，试分析并制订型腔的数控铣削加工工艺，如零件图分析、装夹方案、加工顺序、刀具卡片、工序卡片等。

1. 工艺分析与制订

（1）零件图分析　该零件主要以型腔铣削为主，矩形型腔由两条等比例的直线和倒角圆弧组成，十字型腔多以圆弧与直线组成一个封闭的轮廓。零件矩形型腔的形状尺寸有 80mm、10mm $\pm$ 0.04mm 宽矩形槽、R5mm 圆弧、R10mm 圆弧，槽深 $5_{\ 0}^{+0.03}$mm。零件的型腔侧面和底面的表面粗糙度值要求为 $Ra3.2\mu$m。矩形型腔不能直接采用 ϕ10mm 的铣刀加工，而是选用小直径的刀具，靠修正刀具半径补偿值来保证宽度尺寸，矩形型腔的深度尺寸要通过对刀的精确度或改变编程尺寸来保证。

（2）装夹方式分析　根据该零件的特征可知，零件没有孔加工，没有外形轮廓加工，以内轮廓铣削加工为主。所以在安装工件时，可将工件夹紧部位安装得更可靠。在选择装夹方式时，应选择通用的机用平口钳，这样就可以既方便又准确地装夹工件。工件定位时，因材料为铝件，为防止工件变形和表面夹伤，需要在安装定位接触面垫放薄铜皮。为了保证工件的基准面有效地与定位基准面贴合，在装夹工件时，用铜棒轻敲工件表面，使基准面更好地贴合，以此来保证基准面更好地定位。

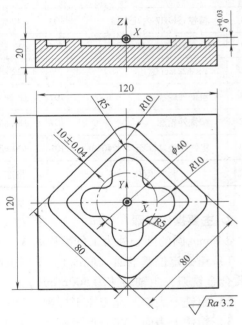

图 1-8　带型腔的零件

注意：轻敲工件时，要避免工件表面处出现伤痕。在安装工件时，工件上表面可低于钳口面，但要考虑到用对刀来确定安装工件的高度位置。在对工件进行夹紧时，夹紧力要适当，不能过大。

工件准确固定位置以后，利用 X 向、Y 向、Z 向运动的单向运行或联动运行，控制刀具加工中进刀、退刀、轮廓逼近、孔成形等运动。在一次装夹中，完成零件所有的加工任务，避免二次装夹，否则不易保证零件的加工质量。

（3）工序分析　根据零件的材料，对矩形型腔进行加工时，应选用 $\phi 8mm$ 硬质合金刀具。加工十字型腔时，根据轮廓尺寸圆弧 $R10mm$，所以最大只能选择 $\phi 18mm$ 硬质合金刀具；又根据 ER25 刀柄的类型，选用 $\phi 16mm$ 硬质合金刀具来加工。根据图样轮廓要求，综合考虑以上技术要求，为了统一保证尺寸，便于修改尺寸精度，首先选用 $\phi 16mm$ 立铣刀进行十字型腔的粗加工，然后选用 $\phi 8mm$ 立铣刀粗加工矩形型腔，最后用 $\phi 8mm$ 立铣刀精加工各轮廓侧面，使用同一把刀具更容易修正尺寸精度。

为了避免使用多把刀具，多次换刀，同时根据型腔的类型以及所使用的刀具，采用往复折线下刀进行型腔铣削。

（4）刀具及切削用量　由于该零件材料为铝，加工工件所使用的刀具材料为硬质合金，比较适合采用高速铣削加工，所以在选用切削参数时，根据购买刀具的使用参数来选取背吃刀量、进给量及切削速度，再根据计算公式进行计算；也可根据生产实践经验在机床说明书允许的切削速度范围内查表选取。但要注意刀具进行螺旋下刀时的切削用量（见图 1-9），同样要考虑刀具寿命，根据最大切削用量来计算，并根据多方面因素确定最终的切削用量。

图 1-9　螺旋下刀

除了正常的切削用量使用，还要注意刀具使用时的冷却，以避免因刀具发热而使工件及刀具产生变形。

（5）工件原点及基点计算　为了更好地满足加工要求，在选择坐标原点时，要求零件的设计基准与定位基准统一，而且便于编写加工程序。一般几何对称的图形，其坐标原点建立在几何对称中心位置。所以该零件的工件坐标原点应选择为该加工表面的几何中心点的位置，如图 1-8 所示。

对于不能直接得出轮廓的基点坐标，需要进行求解，常用的基点计算方法有计算机绘图求解、列方程求解、几何三角函数求解等。采用计算机绘图，操作方便，计算精度高，出错概率少。由于该零件轮廓要素的基点坐标容易观察，这里不再进行详细解析。

（6）设备及工具选用

机床：XK714 型 FANUC 0i-MB 数控铣床。

夹具：200mm 宽精密机用平口钳。

量具：$0 \sim 150mm$ 的游标卡尺，10mm 宽塞规，$R5 \sim R10mm$ 的 R 规等。

（7）数控加工卡片　经过对零件的工艺分析及切削用量的选用，制订出数控加工工序卡片，见表 1-3。

表1-3　数控加工工序卡片

单位		产品名称	零件名称			零件图号		
		铣削加工实例	内壳					
工序	程序号	夹具名称	使用设备			车间		
		200mm 宽精密机用平口钳	FANUC 0i-MBXK714			数控实训室		
工步	工步内容		刀号	刀具规格/mm	主轴转速/(r/min)	进给速度/(mm/min)	背吃刀量/mm	备注
1	粗铣十字型腔		T01	φ16 硬质合金铣刀	1500	1000	5	
2	粗铣矩形型腔		T02	φ8 硬质合金铣刀	2000	800	5	
3	精铣十字型腔		T02	φ8 硬质合金铣刀	800	80	5	
4	精铣矩形型腔		T02	φ8 硬质合金立铣刀	800	80	5	
编制		审核	批准		年　月　日		共　页	第　页

在数控加工中，应根据机床的加工能力、工件材料的性能、加工工序、切削用量以及其他相关因素正确选用刀具及刀柄。总的选择原则是：安装调整方便、刚性好、刀具寿命长和精度高。在满足加工要求的前提下，尽量选择较短的刀柄，以提高刀具加工的刚性。数控加工刀具卡片见表1-4。

表1-4　数控加工刀具卡片

数控刀具卡		零件名称		零件图号				材料	铝
序号	刀具号	刀　具						加工内容	刀具材料
		名称	规格/mm	数量	长度	半径/mm	换刀方式		
1	T01	立铣刀	φ16	1	实测	8	手动	粗铣十字型腔	硬质合金
2	T02	立铣刀	φ8	1	实测	4	手动	粗铣矩形型腔	硬质合金
3	T03	立铣刀	φ8	1	实测	4	手动	精铣各轮廓	硬质合金
编制		审核		批准				第　页	共　页

2. 试切加工

根据图样特点，确定工件零点为坯料上表面的对称中心，并通过对刀设定零点偏置 G54工件坐标系。

（1）检验程序

1）检查辅助指令 M、S 代码，检查 G01、G02、G03 指令是否用错或遗漏，平面选择指令 G17、G18、G19，刀具长度补偿指令 G49、G43、G44，刀具半径补偿指令 G40、G41、G42 使用是否正确，G90、G91、G80、G68、G69、G51.1、G50.1 等常用模态指令使用是否正确。

2）检查刀具长度补偿值、半径补偿值设定是否正确。

3）利用图形模拟检验程序并进行修改。

（2）试切

1）工件、刀具装夹。

2）对刀并检验。

3）模拟检验程序。

4）设定好补偿值，把转速倍率调到合适位置，进给倍率调到最小，将切削液喷头对准刀具切削部位。

5）把程序调出，选择自动模式，按下循环启动键。

6）在确定下刀无误以后，选择合适的进给量。

7）机床在加工时要进行监控。

1.4 任务评价与总结提高

1.4.1 任务评价

本任务的考核标准见表1-5，本任务在该课程考核成绩中的比例为15%。

表 1-5 考 核 标 准

序号	工作过程	主要内容	建议考核方式	评分标准	配分
1	资讯（10分）	任务相关知识查找	教师评价50% 相互评价50%	通过资讯查找相关知识学习，按任务知识能力掌握情况评分	20
2	决策、计划（10分）	确定方案、编写计划	教师评价80% 相互评价20%	根据整体设计方案以及采用方法的合理性进行评分	20
3	实施（10分）	方法正确、工艺合理、工序制订	教师评价20% 自己评价30% 相互评价50%	根据加工工艺制订的合理性及生产效率来评价	30
4	任务总结报告（60分）	记录实施过程、步骤	教师评价100%	根据零件的任务分析、实施、总结过程记录情况，提出新工艺等情况评分	10
5	职业素养、团队合作（10分）	工作积极主动性，组织协调与合作	教师评价30% 自己评价20% 相互评价50%	根据工作积极主动性及相互协作情况评分	20

1.4.2 任务总结

1）对刀点可以设在零件、夹具或机床上，但必须与零件的定位基准有已知的准确关系。当对刀精度要求较高时，对刀点应尽量选在零件的设计基准或工艺基准上。对于以孔定位的零件，可以取孔的中心作为对刀点。

2）换刀点应根据工序内容来安排，其位置应根据换刀时刀具不碰到工件、夹具和机床的原则而定。换刀点往往是固定的点，且设在距离工件较远的地方。

3）数控铣削加工有着自己的特点和适用对象，若要充分发挥数控铣床的优势和关键作用，就应当正确选择数控铣床类型、数控加工对象与工序内容。数控铣床适合加工形状复杂、尺寸繁多、数学模型复杂的零件。

4）在制订工艺前，注意检查零件图的完整性和正确性，尤其是各图形几何要素间的相互关系是否明确，各几何要素的条件是否充分，有没有引起矛盾的多余尺寸或影响工序安排的封闭尺寸等。

5）制订工艺时，要注意进行零件结构工艺性的分析，如零件轮廓内圆弧尺寸是否统一、转接圆弧半径值大小是否合理、能否保证基准统一等，若不能达到要求就必须进行一定的处理。

6）在数控机床上特别是在加工中心上加工零件，工序十分集中，许多零件只需一次装夹就能完成全部工序。

7）进给路线的确定非常重要，因为它与零件的加工精度和表面质量密切相关。确定进给路线首先要保证零件的加工精度和表面粗糙度，其次要方便数值计算，减少编程工作量。

8）选择进给路线时还要特别注意不要引入反向间隙误差、切入切出路径不要发生过切、尽量采用顺铣加工方式等问题。

通过此次课程讲授，学生应该对数控铣削加工中的进给路线和加工参数的方法有一定的认识，同时明白任何零件的加工都必须结合零件本身的结构、精度、用途以及各个企业设备、场地、材料等多方面的因素，才能制订较好的加工工艺。

1.4.3　练习与提高

一、简答题

1. 数控铣削的主要加工对象有哪些？其特点是什么？

2. 编程人员在编制程序时，是否需要考虑工件毛坯装夹的实际位置？为什么？

3. 如何确定对刀点？选择对刀点的原则是什么？

4. 换刀点一般设在什么地方？为什么？

5. 当对刀点是圆柱孔的中心线时，可以采用什么对刀方法？

6. 当对刀点是两相互垂直直线的交点时，又采用什么对刀方法？

7. 数控铣削适合加工什么样的零件？如何选择数控铣削加工的内容？

8. 数控铣削加工工艺性分析包括哪些内容？

9. 制订工艺前为何要进行零件图形分析？零件图形分析包括哪些内容？

10. 检查零件图的完整性和正确性是指什么？

11. 为什么要尽量统一零件轮廓内圆弧尺寸？

12. 零件侧面与底面之间的转接圆弧半径值大小对加工有什么影响？

13. 数控加工中，对零件毛坯的工艺要求有哪些？

14. 毛坯的装夹适应性是指什么？

15. 对容易加工变形的零件材料应当采取什么样的预防变形措施？

16. 为什么要在加工中采用分层铣削？分层铣削用于什么情况？

17. 在数控机床上加工零件的工序划分方法有几种？各有什么特点？

18. 确定进给路线的一般原则是什么？

19. 反向间隙误差是怎样产生的？如何避免引入反向间隙误差？

20. 在确定切入切出路径时应当考虑什么问题？怎样避免发生过切？

21. 可不可以在切入和切出工件的时候同时进行刀具半径补偿？为什么？

1

PROJECT

22. 顺铣和逆铣的概念是什么？顺铣和逆铣对加工质量有什么影响？如何在加工中实现顺铣或逆铣？

23. 数控铣削加工中工艺参数的内容涉及哪些？

二、工艺分析与制订题

1. 加工图 1-10 所示的零件，材料为 HT200，毛坯尺寸长×宽×高为 100mm×100mm×12mm，试分析并制订该零件的数控铣削加工工艺，如零件图分析、装夹方案、加工顺序、刀具卡片、工序卡片等。

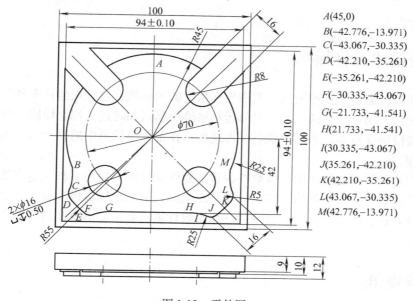

A(45,0)
B(−42.776,−13.971)
C(−43.067,−30.335)
D(−42.210,−35.261)
E(−35.261,−42.210)
F(−30.335,−43.067)
G(−21.733,−41.541)
H(21.733,−41.541)
I(30.335,−43.067)
J(35.261,−42.210)
K(42.210,−35.261)
L(43.067,−30.335)
M(42.776,−13.971)

图 1-10　零件图

2. 加工图 1-11 所示的零件，材料为 HT200，毛坯尺寸长×宽×高为 80mm×55mm×12mm，试分析并制订该零件的数控铣削加工工艺，如零件图分析、装夹方案、加工顺序、刀具卡片、工序卡片等。

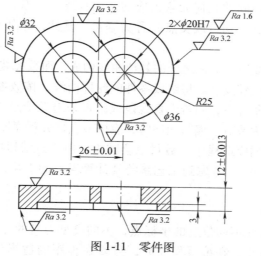

图 1-11　零件图

任务2 典型零件的数学处理

2.1 任务描述及目标

数控机床编程需要计算相关点在工件坐标系中的坐标值，这些点包括零件轮廓的各相邻几何元素的交点、切点、孔的中心、刀具运动轨迹的起点和终点、用直线段或圆弧线段逼近非圆曲线各线段的交点等。本任务就是计算这些点在工件坐标系中的坐标值，即对零件图形进行数学处理。

本任务内容的学习能使学生了解数控编程前数学处理的主要内容和基本方法，掌握利用三角函数计算法和平面解析几何计算法计算基点坐标，为数控编程做准备。对于由直线和圆弧组成的零件轮廓，手工编程时，常采用三角函数计算法和平面解析几何计算法计算基点坐标的数值。

2.2 任务资讯

2.2.1 数值计算的内容

对零件图形进行数学处理是编程前的一个关键性的环节。数值计算主要包括以下内容：

1. 基点和节点的坐标计算

零件的轮廓是由许多不同的几何元素组成的，如直线、圆弧、二次曲线及列表点曲线等。各几何元素间的连接点（切点或交点）称为基点，显然，相邻基点间只能是一个几何元素。

当零件的形状是由直线段或圆弧之外的其他曲线构成，而数控装置又不具备该曲线的插补功能时，其数值计算就比较复杂。将组成零件的轮廓曲线，按数控系统插补功能的要求，在满足允许的编程误差的条件下，用若干直线段或圆弧来逼近给定的曲线，称为拟合处理，逼近线段的交点或切点称为节点。编写程序时，应按节点划分程序段。逼近线段的近似区间越大，则节点数目越少，相应地程序段数目也会减少，但逼近线段的误差 Δ 应小于或等于编程允许误差 $\Delta_{编}$，即 $\Delta \leqslant \Delta_{编}$。考虑到工艺系统及计算误差的影响，$\Delta_{编}$ 一般取零件公差的 $1/5 \sim 1/10$。

2. 刀位点轨迹的计算

刀位点是标志刀具所处不同位置的坐标点，不同类型刀具的刀位点不同。对于具有刀具半径补偿功能的数控机床，在编写程序时，只要在程序的适当位置写入建立刀具补偿的有关指令，就可以保证在加工过程中使刀位点按一定的规则自动偏离编程轨迹，达到正确加工的目的。这时可直接按零件轮廓形状计算各基点和节点坐标，并作为编程时的坐标数据。

当机床所采用的数控系统不具备刀具半径补偿功能时，编程时，需对刀具的刀位点轨迹进行数值计算，按零件轮廓的等距线编程。

3. 辅助计算

辅助程序段是指刀具从对刀点到切入点或从切出点返回到对刀点而特意安排的程序段。切入点位置的选择应依据零件加工余量而定，适当离开零件一段距离。切出点位置的选择，应避免刀具在快速返回时发生撞刀。使用刀具补偿功能时，建立刀补的程序段应在加工零件之前写入，加工完成后应取消刀具补偿。某些零件的加工，要求刀具"切向"切入和"切向"切出。以上程序段的安排，在绘制进给路线时，即应明确地表达出来。数值计算时，按照进给路线的安排，计算出各相关点的坐标。

2.2.2 基点坐标的计算

零件轮廓或刀位点轨迹的基点坐标计算，一般采用代数计算法和平面几何计算法，但手工编程时采用代数计算法和平面几何计算法进行数值计算还是比较烦琐。根据图形间的几何关系可利用三角函数计算法求解基点坐标，这是手工编程中进行数学处理时应重点掌握的方法之一。但应用平面解析几何计算法可省掉一些复杂的三角关系，而用简单的数学方程即可准确地描述零件轮廓的几何图形，因此分析和计算的过程都得到简化，减少了较多层次的中间运算，并且不易出错。因此，在数控机床加工的手工编程中，平面解析几何计算法是应用较为普遍的计算方法之一。

直线与圆、圆与圆的关系最常见的有四种类型，即直线与圆相切、直线与圆相交、两圆相交以及直线与两圆相切。

1. 应用构造基点三角形，解直角三角形的方法求解基点的坐标

如图2-1所示，直线 CD 与圆 A 相切于点 C，则点 C 为基点，过点 A 作平行于 X 轴的直线 AE，过点 C 作 AE 的垂线 CB，垂足为 B，则称 $\triangle ABC$ 为基点三角形。显然，基点三角形一定是直角三角形。圆心、基点和垂足是构成基点三角形的三个顶点，构造基点三角形的关键是作出垂足。一般方法是，过圆心作 X 轴的平行线，再过基点作这条平行线的垂线，便可以作出垂足。

图2-2所示为直角三角形的几何关系，三角函数计算公式列于表2-1。

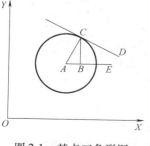

图2-1 基点三角形图

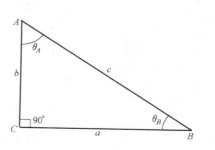

图2-2 直角三角形的几何关系

表 2-1　直角三角形中的几何关系

已　知　角	求相应的边	已　知　边	求相应的角
θ_A	$A/C = \sin\theta_A$	a, c	$\theta_A = \arcsin(a/c)$
θ_A	$B/C = \cos\theta_A$	b, c	$\theta_A = \arccos(b/c)$
θ_A	$A/B = \tan\theta_A$	a, b	$\theta_A = \arctan(a/b)$
θ_B	$B/C = \sin\theta_B$	b, c	$\theta_B = \arcsin(b/c)$
θ_B	$A/C = \cos\theta_B$	a, c	$\theta_B = \arccos(a/c)$
θ_B	$B/A = \tan\theta_B$	b, a	$\theta_B = \arctan(b/a)$
勾股定理	$c^2 = a^2 + b^2$	三角形内角和	$\theta_A + \theta_B + 90° = 180°$

在图 2-1 中，设 $\triangle ABC$ 为基点三角形，点 A 为圆心，坐标为 $A(x_A, y_A)$，圆 A 的半径为 R_A，点 $C(x_C, y_C)$ 为基点，点 B 为垂足，于是基点 C 的坐标公式可以表示为

$$x_C = x_A \pm R_A \cos A$$
$$y_C = y_A \pm R_A \sin A$$

其中，"$\pm$"符号由基点与圆心的相对位置所决定。如果把圆心 A 看成参照点的话，基点的位置就有 4 种情形：右上型、左上型、左下型、右下型，相对应的符号应该是（ + ， + ）、（ - ，+ ）、（ - ， - ）、（ + ， - ），这和直角坐标系中处于 4 个象限的点的坐标符号相同。

由上面公式可知，当 $A(x_A, y_A)$ 和 R_A 已知时，求圆心角 A 成为计算基点坐标的关键。在不同条件下，计算圆心角 A 的方法是不同的。通常可以从以下两个方面考虑：①根据切线或者交线与 X 轴的夹角得出；②若两圆的圆心坐标已知，可以通过计算连心线与 X 轴的夹角而得出。

直线与圆弧的关系如图 2-3 所示。为叙述方便，表 2-2 中列举了最常见的四种类型。

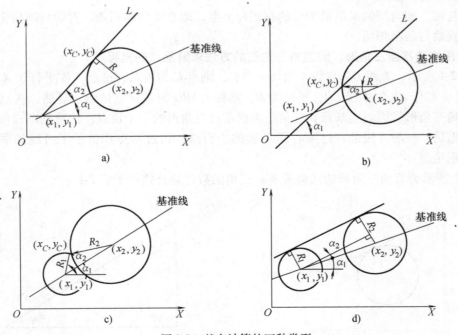

图 2-3　基点计算的四种类型

a）直线与圆弧相切　b）直线与圆弧相交　c）圆弧与圆弧相交　d）一直线与两圆弧相切

表 2-2　直线与圆的关系

类　型	图	所求点	已 知 条 件	公　　式
直线与圆弧相切	图 2-3a	求切点坐标 (x_C, y_C)	通过圆外一点 (x_1, y_1) 的直线 L 与一已知圆相切,已知圆的圆心坐标为 (x_2, y_2),半径为 R	$\Delta x = x_2 - x_1$ $\Delta y = y_2 - y_1$ $\alpha_1 = \arctan \dfrac{\Delta y}{\Delta x}$ $\alpha_2 = \arcsin \dfrac{R}{\sqrt{\Delta x^2 + \Delta y^2}}$ $\beta = \lvert \alpha_1 \pm \alpha_2 \rvert$ $x_C = x_2 \pm R \lvert \sin\beta \rvert$ $y_C = y_2 \pm R \lvert \cos\beta \rvert$ 其"$\pm$"号的选取,则取决于 x_C、y_C 相对于 x_2、y_2 所处的象限位置,如果 x_C、y_C 在 x_2、y_2 右边时取"$+$"号,反之取"$-$"号。后面各类型计算中,正、负符号的判断与上述方法完全相同;α_1 计算方法相同
直线与圆弧相交	图 2-3b	求交点坐标 (x_C, y_C)	设过已知点 (x_1, y_1) 的直线 L 与 X 轴的夹角为 α_1,已知圆的圆心坐标为 (x_2, y_2),半径为 R	$\Delta x = x_2 - x_1$ $\Delta y = y_2 - y_1$ $\alpha_2 = \arcsin \left\lvert \dfrac{\Delta x \sin\alpha_1 - \Delta y \cos\alpha_1}{R} \right\rvert$ $\beta = \lvert \alpha_1 \pm \alpha_2 \rvert$ $x_C = x_2 \pm R \lvert \cos\beta \rvert$ $y_C = y_2 \pm R \lvert \sin\beta \rvert$ α_1 为有向角,取角度的绝对值不大于 $90°$ 范围内的那个角,已知直线相对于 X 轴逆时针方向旋转时取"$+$",反之取"$-$"
两圆相交	图 2-3c	求交点坐标 (x_C, y_C)	两已知圆圆心坐标及半径分别为: (x_1, y_1), R_1; (x_2, y_2), R_2	$\Delta x = x_2 - x_1$ $\Delta y = y_2 - y_1$ $d = \sqrt{\Delta x^2 + \Delta y^2}$ $\alpha_2 = \arccos \left\lvert \dfrac{R_1^2 + d^2 - R_2^2}{2 R_1 d} \right\rvert$ $\beta = \lvert \alpha_1 \pm \alpha_2 \rvert$ $x_C = x_1 \pm R_1 \cos \lvert \beta \rvert$ $y_C = y_1 \pm R_1 \sin\beta$

2

PROJECT

（续）

类　型	图	所求点	已　知　条　件	公　式
直线与两圆相切	图 2-3d	求切点坐标 (x_c, y_c)	已知两圆的圆心坐标及半径分别为：(x_1, y_1)，R_1；(x_2, y_2)，R_2，一直线与两圆相切	$\Delta x = x_2 - x_1$ $\Delta y = y_2 - y_1$ $\alpha_2 = \arcsin \dfrac{R_大 \pm R_小}{\sqrt{\Delta x^2 + \Delta y^2}}$ $\beta = |\alpha_1 \pm \alpha_2|$ $x_{C1} = x_1 \pm R_1 \sin\beta$ $y_{C1} = y_1 \pm R_1 |\cos\beta|$ 同理 $x_{C2} = x_2 \pm R_2 \sin\beta$ $y_{C2} = y_2 \pm R_2 |\cos\beta|$ 求内公切线切点坐标用" + "，求外公切线切点坐标用" – "。$R_大$ 表示较大圆的半径，$R_小$ 表示较小圆的半径

2. 应用平面解析几何计算法，联立方程求解基点坐标

图 2-4、2-5 所示分别为直线与圆弧相交、圆弧与圆弧相交的关系，常用平面解析几何法联立方程解算基点坐标，其公式列于表 2-3 中。

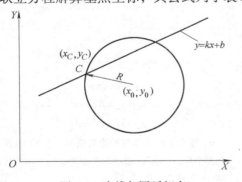

图 2-4　直线与圆弧相交

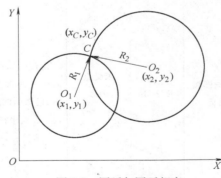

图 2-5　圆弧与圆弧相交

表 2-3　常用平面解析几何法

类型	已　知　条　件	所　求　点	方　程　组	公　式
直线与圆弧相交或相切	已知直线方程 $y = kx + b$	以点 (x_0, y_0) 为圆心，半径为 R 的圆与该直线的交点坐标 (x_c, y_c)	$\begin{cases} (x - x_0)^2 + (y - y_0)^2 = R^2 \\ y = kx + b \end{cases}$	$A = 1 + k^2$ $B = 2[k(b - y_0) - x_0]$ $C = x_0^2 + (b - y_0)^2 - R^2$ $x_C = \dfrac{-B \pm \sqrt{B^2 - 4AC}}{2A}$ （求 x_C 较大值时取" + "） $y_C = kx_C + b$

（续）

类型	已知条件	所求点	方程组	公式
圆弧与圆弧相交或相切	两相交圆弧的圆心及半径分别为：(x_1, y_1)，R_1；(x_2, y_2)，R_2	求交点坐标(x_C, y_C)	$\begin{cases} (x-x_1)^2 + (y-y_1)^2 = R_1^2 \\ (x-x_2)^2 + (y-y_2)^2 = R_2^2 \end{cases}$	$\Delta x = x_2 - x_1$ $\Delta y = y_2 - y_1$ $D = \dfrac{(x_2^2 + y_2^2 - R_2^2) - (x_1^2 + y_1^2 - R_1^2)}{2}$ $A = 1 + \left(\dfrac{\Delta x}{\Delta y}\right)^2$ $B = 2\left[\left(y_1 - \dfrac{D}{\Delta y}\right)\dfrac{\Delta x}{\Delta y} - x_1\right]$ $C = \left(y_1 - \dfrac{D}{\Delta y}\right)^2 + y_1^2 - R_1^2$ $x_C = \dfrac{-B \pm \sqrt{B^2 - 4AC}}{2A}$ （求x_C较大值时取"＋"） $y_C = \dfrac{D - \Delta x\, x_C}{\Delta y}$

注：当直线与圆相切时，取$B^2 - 4AC = 0$，此时$x_C = -B/(2A)$，其余计算公式不变；当两圆相切时，$B^2 - 4AC = 0$，其余计算公式不变。

2.2.3　非圆曲线节点坐标的计算

1. 非圆曲线节点坐标计算的主要步骤

数控加工中把除直线与圆弧之外可以用数学方程式表达的平面轮廓曲线，称为非圆曲线，其数学表达式可以直角坐标的形式给出，也可以极坐标形式给出，还可以参数方程的形式给出。通过坐标变换，后面两种形式的数学表达式可以转换为直角坐标表达式。非圆曲线类零件包括平面凸轮类、曲线样板、圆柱凸轮以及数控车床上加工的各种以非圆曲线为母线的回转体零件等，其数值计算过程一般可按以下步骤进行：

1）选择插补方式，即应首先决定是采用直线段逼近非圆曲线，还是采用圆弧段或抛物线等二次曲线逼近非圆曲线。

2）确定编程允许误差，即应使$\Delta \leqslant \Delta_{编}$。

3）选择数学模型，确定计算方法。在决定采取什么算法时，主要应考虑的因素有两条：其一是尽可能按等误差的条件确定节点坐标位置，以便最大限度地减少程序段的数目；其二是尽可能寻找一种简便的算法，简化计算机编程，省时快捷。

4）根据算法，画出计算机处理流程图。

5）用高级语言编写程序，上机调试程序，并获得节点坐标数据。

2. 常用的算法

用直线段逼近非圆曲线，目前常用的节点计算方法有等间距法、等程序段法、等误差法和伸缩步长法；用圆弧段逼近非圆曲线，常用的节点计算方法有曲率圆法、三点圆法、相切圆法和双圆弧法。

（1）等间距直线段逼近法　等间距法就是将某一坐标轴划分成相等的间距，如图2-6所示。

（2）等程序段法直线逼近的节点计算　等程序段法就是使每个程序段的线段长度相等，如图2-7所示。

2 PROJECT

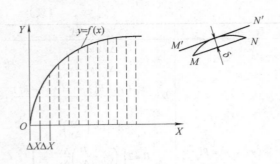

图 2-6　等间距法直线段逼近

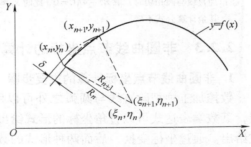

图 2-7　等程序段法直线段逼近

（3）等误差法直线段逼近的节点计算　任意相邻两节点间的逼近误差为等误差，各程序段误差 Δ 均相等，程序段数目最少。但计算过程比较复杂，必须由计算机辅助才能完成计算。在采用直线段逼近非圆曲线的拟合方法中，这是一种较好的拟合方法，如图 2-8 所示。

（4）曲率圆法圆弧逼近的节点计算　曲率圆法是用彼此相交的圆弧逼近非圆曲线。其基本原理是从曲线的起点开始，作与曲线内切的曲率圆，求出曲率圆的中心，如图 2-9 所示。

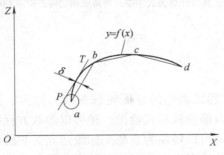

图 2-8　等误差法直线段逼近图

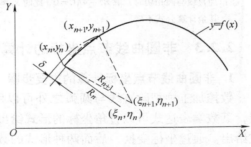

图 2-9　曲率圆法圆弧段逼近

（5）三点圆法圆弧逼近的节点计算　三点圆法是在等误差直线段逼近求出各节点的基础上，通过连续三点作圆弧，并求出圆心点的坐标或圆的半径，如图 2-10 所示。

（6）相切圆法圆弧逼近的节点计算　如图 2-11 所示，采用相切圆法，每次可求得两个彼此相切的圆弧，由于在前一个圆弧的起点处与后一个终点处均可保证与轮廓曲线相切，因此，整个曲线是由一系列彼此相切的圆弧逼近实现的。这种方法可简化编程，但计算过程烦琐。

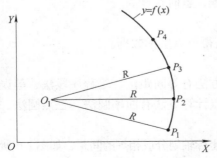

图 2-10　三点圆法圆弧段逼近

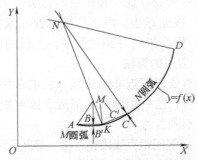

图 2-11　相切圆法圆弧段逼近

2.2.4　列表曲线型值点坐标的计算

实际零件的轮廓形状，有些是由直线、圆弧或其他非圆曲线组成的，还有些零件的轮廓形状是通过试验或测量的方法得到的。零件的轮廓数据在图样上以坐标点的表格形式给出，这种由列表点（又称为型值点）给出的轮廓曲线称为列表曲线。

在列表曲线的数学处理方面，常用的方法有牛顿插值法、三次样条曲线拟合、圆弧样条拟合与双圆弧样条拟合等。以上各种拟合方法在使用时，往往存在着某种局限性，目前处理列表曲线的方法通常是采用二次拟合法。

为了在给定的列表点之间得到一条光滑的曲线，对列表曲线逼近一般有以下要求：

1）方程式表示的零件轮廓必须通过列表点。

2）方程式给出的零件轮廓与列表点表示的轮廓凹凸性应一致，即不应在列表点的凹凸性之外再增加新的拐点。

3）光滑性。为使数学描述不过于复杂，通常一个列表曲线要用许多参数不同的同样方程式来描述，希望在方程式的两两连接处有连续的一阶导数或二阶导数，若不能保证一阶导数连续，则希望连接处两边一阶导数的差值应尽量小。

2.2.5　数控机床使用假想刀尖点时的偏置计算

在数控车削加工中，为了对刀的方便，总是以"假想刀尖点"来对刀。所谓假想刀尖点是指图 2-12 中 M 点的位置。由于刀尖圆弧的影响，仅仅使用刀具长度补偿，而不对刀尖圆弧半径进行补偿，在车削锥面或圆弧面时，会产生欠切或过切的情况，如图 2-13 所示。

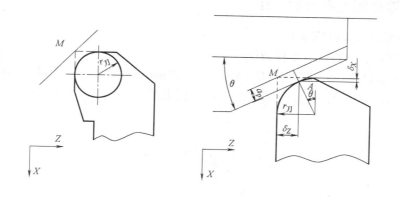

图 2-12　假想刀尖点编程时的补偿计算

2.2.6　简单立体型面零件的数值计算

用球头铣刀或圆弧盘铣刀加工立体型面零件，刀痕在行间构成了被称为切残量的表面不平度 h，又称为残留高度。残留高度对零件的加工表面质量影响很大，要引起注意，如图 2-14 所示。

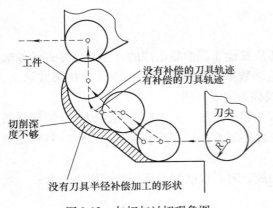

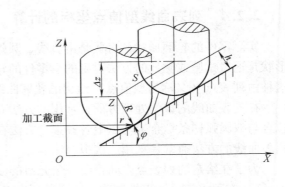

图 2-13　欠切与过切现象图　　　　　图 2-14　行距与切残量的关系

数控机床加工简单立体型面零件时，数控系统要有三个坐标控制功能，但只要有两坐标连续控制（两坐标联动），就可以加工平面曲线。刀具沿 Z 方向运动时，不要求 X、Y 方向也同时运动。用行切法加工立体型面时，这种三坐标运动、两坐标联动的加工编程方法称为两轴半联动加工。

节点计算一般都比较复杂，有时靠手工处理已不大可能，必须借助计算机做辅助处理，常采用计算机自动编程来编制加工程序。这里重点介绍手工编程中基点计算的常用方法。

2.3　任务实施

2.3.1　零件图上基点的计算

1. 用三角形计算法计算基点

准备：计算器、计算机、零件图样。

例 1　如图 2-15 所示，圆 O_1（0，40），$R = 25$mm；圆 O_2（50，100），$R = 55$mm；圆 O_3（60，20），$R = 15$mm，F 点坐标（65，0），试求基点 A、B、C、D、E 在工件坐标系中的值。

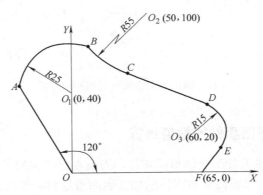

图 2-15　零件轮廓

求解过程如下

（1）按直线与圆相交法求 A 点坐标

$$\Delta x = x_2 - x_1 = 0$$

$$\Delta y = y_2 - y_1 = 40$$

$$\alpha_2 = \arcsin \left| \frac{\Delta x \sin\alpha_1 - \Delta y \cos\alpha_1}{R} \right| = 53.1301°$$

$$\beta = |\alpha_1 + \alpha_2| = |-60° + 53.1301°| = 6.8699°$$

$$x_A = x_2 - R|\cos\beta| = -24.8205$$

$$y_A = y_2 + R\sin\beta = 42.9904$$

求出 A 点坐标为（ -24.821, 42.99）。

（2）按两圆相交求 B 点坐标

$$\Delta x = 50$$

$$\Delta y = 60$$

$$d = \sqrt{\Delta x^2 + \Delta y^2} = 78.1025$$

$$\alpha_1 = \arccos \frac{R_1^2 + d^2 - R_2^2}{2R_1 d} = 18.65299°$$

$$\beta = |\alpha_1 + \alpha_2| = 68.8474°$$

$$x_B = x_1 + R_1 \cos|\beta| = 9.021$$

$$y_B = y_1 + R_1 \sin\beta = 63.316$$

求出 B 点坐标为（9.021, 63.316）。

（3）按求两圆公切线切点的方法求 C、D 两点坐标

$$\Delta x = 10$$

$$\Delta y = -80$$

$$\alpha_1 = \arctan \frac{\Delta y}{\Delta x} = -82.875°$$

$$\alpha_2 = \arcsin \frac{R_{大} + R_{小}}{\sqrt{\Delta x^2 + \Delta y^2}} = 60.2551°$$

$$\beta = |\alpha_1 + \alpha_2| = 22.6199°$$

$$x_C = x_1 - R_1 \sin\beta = 28.846$$

$$y_C = y_1 - R_1 |\cos\beta| = 49.231$$

$$x_D = x_2 + R_2 \sin\beta = 65.769$$

$$y_D = y_2 + R_2 |\cos\beta| = 33.846$$

求出 C 点坐标为（28.846, 49.231）；D 点坐标为（65.769, 33.846）。

（4）按直线与圆相切求切点 E 坐标

$$\Delta x = x_2 - x_1 = -5$$

$$\Delta y = y_2 - y_1 = -20$$

$$\alpha_1 = \arctan \frac{\Delta y}{\Delta x} = -75.96376°$$

$$\alpha_2 = \arcsin \frac{R}{\sqrt{\Delta x^2 + \Delta y^2}} = 46.6861°$$

$$\beta = |\alpha_1 - \alpha_2| = 122.6399°$$

$$x_E = x_2 + R|\sin\beta| = 72.630$$

$$y_E = y_2 - R|\cos\beta| = 11.907$$

求出 E 点坐标为（72.630，11.907）。

2. 用平面解析几何计算法计算基点

例2 计算用四心法加工 $a = 150\text{mm}$，$b = 100\text{mm}$ 时的近似椭圆所用数值。

（1）四心法作近似画椭圆 用四心法加工椭圆工件时，一般选椭圆的中心为工件零点（见图2-16），数值计算的基础就是用四心法作近似椭圆的画法，如图2-17所示。

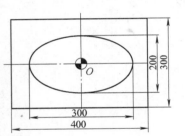

图2-16 典型零件

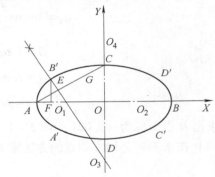

图2-17 椭圆的近似作法

1）作相互垂直平分的线段 AB 与 CD 交于 O，其中 $AB = 2a = 300\text{mm}$ 为长轴，$CD = 2b = 200\text{mm}$ 为短轴。

2）连接 AC，取 $CG = AO - OC = 50\text{mm}$。

3）作 AG 的垂直平分线，分别交 AG、AO、OD 的延长线于 E、O_1、O_3。

4）作 O_1、O_3 的对称点 O_2、O_4。

5）分别以 O_1、O_2、O_3、O_4 为圆心，O_1A、O_2B、O_3C、O_4D 为半径作圆，分别相切于 B'、A'、D'、C'，即得一近似椭圆。

（2）数值计算 用四心法加工椭圆工件时，数值计算就是求 B'、A'、D'、C'，以及 O_1、O_2、O_3、O_4 的坐标，由四心法作椭圆的画法可知：

B' 与 A'、D'、C' 是对称的，O_1 与 O_2，O_3 与 O_4 也是对称的，因此只要求出 B'、O_1、O_3 点的坐标，其他点的坐标也迎刃而解了。

$$AO = 150\text{mm} \qquad OC = 100\text{mm}$$

$$AC = \sqrt{150^2 + 100^2}\,\text{mm} = 180.2776\,\text{mm}$$

由用四心法作椭圆的画法可知：

$$GC = AO - OC = 50\,\text{mm} \qquad AG = AC - GC = 130.2776\,\text{mm}$$

$$\triangle B'FO_1 \cong \triangle AEO_1$$

$$B'F = AE = \frac{AG}{2} = 65.1388\,\text{mm}$$

$$AO_1 = B'O_1$$

又 $\triangle B'FO_1 \backsim \triangle AOC$

$$\frac{B'F}{AO} = \frac{B'O_1}{AC} = \frac{O_1F}{CO}$$

$$B'O_1 = 78.2871\,\text{mm}$$

$$O_1F = 43.4258\,\text{mm}$$

$$R_1 = AO_1 = B'O_1 = 78.2871\,\text{mm}$$

$$OO_1 = AO - O_1A = 71.7129\,\text{mm}$$

$$OF = O_1F + O_1O = 115.1387\,\text{mm}$$

O_1 点坐标为（-71.7129，0）。

B' 点坐标为（-115.1387，65.1388）。

又 $\triangle B'FO_1 \backsim \triangle O_3OO_1$

$$\frac{B'F}{OO_3} = \frac{O_1F}{O_1O}$$

$$OO_3 = 107.5695\,\text{mm}$$

$$R_3 = O_3C = 207.5695\,\text{mm}$$

O_3 点的坐标为（0，-107.5695）。当然，这些点的坐标亦可以用解析法求的，即

由 $\lambda = \dfrac{AE}{EC} = \dfrac{AE}{EG + GC} = 0.5657$ 与定比分点定理可得 E 点坐标为（-95.8012，36.1325）。

又直线 AC 的斜率为 $k_{AC} = 100/150 = 0.667$

且 $B'O_3 \perp AC$

直线 $B'O_3$ 的方程为 $y - 36.1325 = -1.5(x + 95.8012)$

即
$$1.5x + y + 107.5693 = 0$$

O_1、O_3 点的坐标为（-71.7129，0）（0，-107.5693）。

圆 O_1、O_3 的方程为

$$(x + 71.7129)^2 + y^2 = (78.2871)^2$$

$$x^2 + (y + 107.5695)^2 = (207.5695)^2$$

由 O_1、O_3、B' 点的坐标就可以很容易地求出 O_2、O_4、A'、C'、D' 点的坐标了。

2.3.2 节点的计算

节点计算一般都比较复杂，有时靠手工处理已不大可能，必须借助计算机来辅助处理，不用手工计算。

2.4 任务评价与总结提高

2.4.1 任务评价

本任务的考核标准见表2-4。本任务在该课程考核成绩中的比例为5%。

表2-4 考核标准

序号	工作过程	主要内容	建议考核方式	评分标准	配分
1	资讯（10分）	任务相关知识查找	教师评价50% 相互评价50%	通过资讯查找相关知识学习,按任务知识能力掌握情况评分	15
2	决策计划（10分）	确定方案、编写计划	教师评价80% 相互评价20%	根据整体设计方案以及采用方法的合理性评分	20
3	实施（10分）	方法合理、计算快捷、准确率高	教师评价20% 自己评价30% 相互评价50%	根据计算的准确性,结合三方面评价评分	30
4	任务总结报告（60分）	记录实施过程、步骤	教师评价100%	根据基点和节点计算的任务分析、实施、总结过程记录情况,提出新建议等情况评分	15
5	职业素养、团队合作（10分）	工作积极主动性,组织协调与合作	教师评价30% 自己评价20% 相互评价50%	根据工作积极主动性,文明生产情况以及相互协作情况评分	20

2.4.2 任务总结

根据零件图样要求,按照已确定的加工路线和允许的编程误差,计算出机床数控系统所需输入的数据,称为数控编程的数值计算。数值计算的内容有基点坐标的计算、节点坐标的计算、刀具中心轨迹的计算、辅助计算。

直线和圆弧组成的零件轮廓的基点计算采用初等几何的方法,手工编程时,常采用三角函数计算法和平面解析几何计算法来求解基点的坐标。

非圆曲线的节点计算有直线逼近法、圆弧逼近法。用直线逼近非圆曲线的常用数学方法有三种:等间距法、等程序段法和等误差法。常用的用圆弧逼近非圆曲线的节点计算方法有两种:圆弧分割法和三点圆作图法。对列表曲线进行数学处理时,常用数学拟合的方法逼近零件轮廓,即根据已知列表点（也称型值点）来推导出用于拟合的数学模型。节点计算一般都比较复杂,有时靠手工处理已不大可能,必须借助计算机作辅助处理,常采用计算机自动编程来编制加工程序。

2.4.3 练习与提高

一、填空题

1. 零件的轮廓是由许多不同的_____组成的,各几何元素间的_____称为基点。

2. 手工编程由直线和圆弧组成的零件轮廓时，常采用_____和_____计算基点坐标的数值。

3. 对零件图形进行数学处理是编程前很重要的环节。数值计算主要包括_____、_____、_____和_____四方面内容。

4. 用_____或_____去近似代替非圆曲线，称为拟合处理。拟合线段的_____或_____称为节点。

5. 用直线段逼近非圆曲线，目前常用的节点计算方法有_____、_____、等误差法和伸缩步长法。

6. 用圆弧段逼近非圆曲线，常用的节点计算方法有_____、_____、相切圆法和双圆弧法。

7. 构造基点三角形的关键是作出_____。一般方法是，过圆心作 X 轴的平行线，再过基点作这条平行线的垂线，便可以作出_____。

8. 直线与圆的关系最常见的有四种类型，即_____、_____、两圆相交以及_____。

9. 节点计算一般都比较复杂，靠手工处理很困难，一般借助_____。

二、简答题

1. 什么叫数控编程的数值计算？其包含哪些内容？

2. 试说明基点和节点的区别。

三、分析计算题

已知条件如图2-18所示，求基点 C 在工件坐标系中的坐标值。

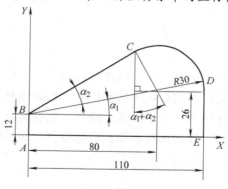

图2-18　零件图

任务3 简单零件的数控铣削编程

3.1 任务描述及目标

数控编程是数控加工中的重要步骤，包括机床坐标系、工件坐标系、准备功能指令、进给功能指令、辅助功能指令、数控加工程序的格式及编程方法等。手工编程时，整个程序的编制过程由人工完成，这就要求编程人员要熟悉数控代码及编程规则。对于几何形状不太复杂的零件和点位加工，所需的加工程序不多，计算也较简单，出错的机会较少，这时用手工编程还是经济省时的。

通过本任务内容的学习，学生能够根据零件图样，合理选择编程坐标系，并熟练运用编程指令进行加工程序的编制。

3.2 任务资讯

3.2.1 坐标系

数控机床的坐标系，包括坐标系、坐标原点和运动方向，对于数控加工及编程，它是一个十分重要的概念。数控工艺员和数控机床的操作者，都必须对数控机床的坐标系有一个完整、正确的理解，否则，程序编制将发生混乱，操作时更容易发生事故。机床的运动形式是多种多样的，为了描述刀具与零件的相对运动，简化编程，我国已根据 ISO 标准统一规定了数控机床坐标轴的代码及其运动方向。

1. 坐标系建立的原则

数控机床坐标系是为了确定工件在机床中的位置、机床运动部件的特殊位置（如换刀点、参考点等）以及运动范围（如行程范围）等而建立的几何坐标系。

（1）刀具相对于静止的零件而运动的原则　由于机床的结构不同，有的是刀具运动，零件固定；有的是刀具固定，零件运动。为了编程方便，一律规定为零件固定，刀具运动。

（2）标准坐标系采用右手直角笛卡儿坐标系　大拇指的方向为 X 轴的正方向；食指为 Y 轴的正方向；中指为 Z 轴的正方向。

2. 坐标系的建立

数控机床的坐标系采用右手直角笛卡儿坐标系（见图 3-1a）。它规定直角坐标系 X、Y、Z 三轴正方向用右手定则判定，围绕 X、Y、Z 各轴的回转运动及其正方向 $+A$、$+B$、$+C$

用右手螺旋法则判定。与 $+X$、$+Y$、$+Z$、$+A$、$+B$、$+C$ 相反的方向相应用带"'"的 $+X'$、$+Y'$、$+Z'$、$+A'$、$+B'$、$+C'$ 表示。图 3-1b 所示为立式铣床的标准坐标系。

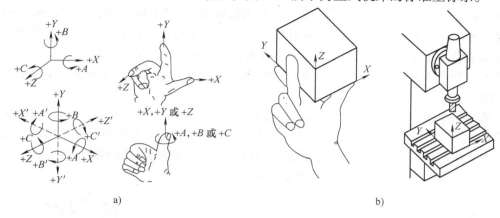

图 3-1　数控机床坐标系的建立
a）右手直角笛卡儿坐标系　b）立式铣床坐标系

不论机床的具体结构是工作台静止、刀具运动，还是工作台运动、刀具静止，我们均假设工作台静止、刀具运动，即数控机床的坐标运动指的是刀具相对于工件的运动。

ISO 对数控机床的坐标轴及其运动方向均有一定的规定，图 3-2 描述了三坐标数控镗铣床（或加工中心）的坐标轴及其运动方向。

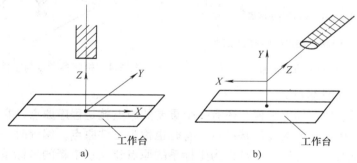

图 3-2　数控机床的坐标轴及其运动方向
a）立式数控镗铣床　b）卧式数控镗铣床

Z 轴定义为平行于机床主轴的坐标轴，如果机床有一系列主轴，则选尽可能垂直于工件装夹面的主要轴为 Z 轴，其正方向定义为从工作台到刀具夹持的方向，即刀具远离工作台的运动方向。

X 轴为水平的、平行于工件装夹平面的坐标轴，它平行于主要的切削方向，且以此方向为正方向。Y 轴的正方向则根据 X 和 Z 轴按右手法则确定。

旋转坐标轴 A、B 和 C 的正方向相应地在 X、Y、Z 坐标轴正方向上，按右手螺旋法则来确定。有关附加直线轴和附加旋转轴，ISO 均有相应的规定，读者可查阅有关参考资料。

3. 附加运动坐标

一般我们称 X、Y、Z 为主坐标或第一坐标，如有平行于第一坐标的第二组或第三组坐标，则分别指定为 U、V、W 和 P、Q、R。

4. 机床原点与机床坐标系

现代数控机床一般都有一个基准位置，称为机床原点（Machine Origin 或 Home Position）或机床绝对原点（Machine Absolute Origin），是机床制造商设置在机床上的一个物理位置，其作用是使机床与控制系统同步，建立测量机床运动坐标的起始点。机床坐标系建立在机床原点之上，是机床上固有的坐标系。机床坐标系的原点位置在各坐标轴的正向最大极限处，用 M 表示，如图 3-3 所示。

与机床原点相对应的还有一个机床参考点（Reference Point），用 R 表示，如图 3-4 所示，它是机床制造商在机床上用行程开关设置的一个物理位置，与机床原点的相对位置是固定的，由机床制造商在机床出厂之前精密测量确定。机床参考点一般不同于机床原点。一般来说，加工中心的参考点为机床的自动换刀位置。

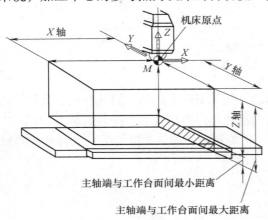

图 3-3　立式铣床机床原点

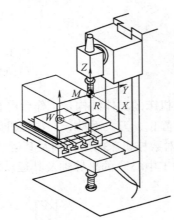

图 3-4　机床参考点与工件原点的关系

5. 程序原点与工件坐标系

对于数控编程和数控加工来说，还有一个重要的原点就是程序原点，它是编程人员在数控编程过程中定义在工件上的几何基准点，有时也称为工件原点。编程时一般选择工件上的某一点作为程序原点，并以这个原点作为坐标系的原点建立一个新的坐标系，称为工件坐标系（编程坐标系）。

6. 装夹原点

除了上述三个重要点（机床原点、机床参考点、程序原点）以外，有的机床还有一个重要的原点，即装夹原点。装夹原点常用于带回转或摆动工作台的数控机床或加工中心，一般是机床工作台上的一个固定点，如回转中心。装夹原点与机床参考点的偏移量可通过测量存入 CNC 系统的原点偏置寄存器中，供 CNC 系统原点偏移计算用。

3.2.2　数控加工程序的结构与格式

1. 加工程序的结构

数控加工程序是由一系列机床数控装置能辨识的指令有序结合而构成的，可分为程序号、程序段和程序结束等几个部分。

下面给出一个典型的数控铣床加工程序的组成实例：铣削图 3-5 所示零件的外形轮廓。

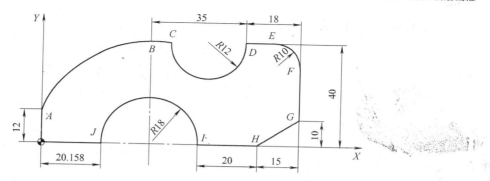

图 3-5 铣削零件的外形轮廓

程序如下：

    %1000；

    N10   G90   G01   Y12   F80；   程序原点 A
    N20   G02   X38.158   Y40   I38.158   J-12；   A→B
    N30   G91   G01   X11；   B→C
    N40   G03   X24   R12；   C→D
    N50   G01   X8；   D→E
    N60   G02   X10   Y-10   R10；   E→F
    N70   G01   G90   Y10；   F→G
    N80   G91   X-15   Y-10；   G→H
    N90   X-20；   H→I
    N100   G90   G03   X20.158   R18；   I→J
    N110   G01   X0；   J→程序原点
    N120   G00   Z100；   抬刀
    N130   M30；   程序结束

由此看出，程序都是由程序号、程序内容和程序结束三部分组成的。以上程序中每一行称为一个程序段或单节（Block），每一程序段至少由一个程序字（Word）所组成，程序字是由一个地址（Address）和数字（Number）组成（如 G00、G01、X120.0、F0.2、M30 等）；每一程序段后面加一结束符号"；"，以表示一个程序段的结束，即字母和数字组成字，字组成程序段，程序段组成程序。CNC 装置即按照程序中的程序段顺序依次执行程序。

数控加工中零件加工程序的组成形式随数控系统功能的强弱而略有不同。对功能较强的数控系统，加工程序可分为主程序和子程序，其结构如图 3-6 所示。

2. 加工程序的组成

加工程序由以下三个部分组成：

（1）程序号   程序号为程序的开始部分，为了区别存储器中的程序，每个程序都要有程序编号，在编号前采用程序编号地址码。如在 FANUC 0i 系统中，采用英文字母"O"作为程序编号地址，而其他系统则采用"P""%"或"："等。

（2）程序内容   程序内容是整个程序的核心，由许多程序段组成，每个程序段由一个或多个指令（字）组成，表示数控机床要完成的全部动作。

（3）程序结束 以程序结束指令 M02 或 M30 作为整个程序结束的符号，来结束整个程序。

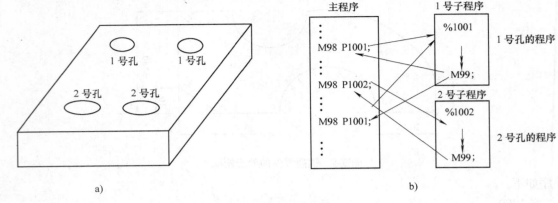

图 3-6 主程序和子程序
a）零件 b）程序结构

3. 程序段格式

零件的加工程序是由程序段组成的。程序段格式是指一个程序段中字、字符、数据的书写规则，通常有以下三种格式：

（1）字-地址程序段格式 字-地址程序段格式由语句号字、数据字和程序段结束组成。各字后有地址，字的排列顺序要求不严格，数据的位数可多可少，不需要的字以及与上一程序段相同的续效字可以不写。该格式的优点是程序简短、直观以及容易检查和修改。因此，该格式目前广泛使用。

（2）分隔符的程序段格式 这种格式事先规定了输入时可能出现的字的顺序，在每一个字前写一个分隔符，这样就可以不写地址符，只要按规定的顺序把相应的数字跟在分隔符后面就可以了。

分隔符的程序段格式与字-地址程序段格式的区别在于分隔符代替了地址符。在分隔符的程序段格式中，重复的可以不写，但分隔符不能省略。若程序中出现连在一起的分隔符，表明中间略去了一个数据字。

（3）固定程序段格式 这种程序段既无地址码也无分隔符，各字的顺序及位数是固定的，重复的字不能省略，所以每一个程序段的长度都是一样的。目前，这种程序段的格式很少使用。

4. 字-地址程序段的编排规则

字-地址程序段格式的编排顺序如下：

N__ G__ X__ Y__ Z__ I__ J__ K__ P__ Q__ R__ A__ B__ C__
F__ S__ T__ M__ LF;

注意：上述程序段中包括的各种指令并非在加工程序的每个程序段中都必须有，而是根据各程序段的具体功能来编入相应的指令。

例如：N20 G01 X35.2 Y–46.8 F120;

5. 程序段各字的说明

字-地址程序段由语句号字、数据字和程序段结束组成，常用于表示地址的英文字母含义见表3-1，主要地址和指令值范围见表3-2。

表3-1　地址功能含义

功　能	地　址	意　义
程序号	O	程序号
顺序号	N	顺序号
准备功能	G	指定移动方式(直线、圆弧等)
尺寸字	X,Y,Z,U,V,W,A,B,C	坐标轴移动指令
	I,J,K	圆弧中心的坐标
	R	圆弧半径
进给功能	F	每分钟进给或每转进给
主轴转速功能	S	主轴转速
刀具功能	T	刀号
辅助功能	M	机床上的开/关控制
	B	工作台分度等
偏置号	D,H	偏置号
暂停	P,X	程序暂停
程序号指定	P	子程序号
重复次数	L	子程序重复次数
参数	P,Q	固定循环参数

表3-2　地址指令值范围

功　能		地　址	米制输入	英制输入
程序号		O	1～9999	1～9999
顺序号		N	1～99999	1～99999
准备功能		G	0～99	0～99
尺寸字	增量单位 IS－B	X,Y,Z,U,V,W,C, I,J,K,R	±99999.999mm	±99999.999in
	增量单位 IS－C		±99999.999mm	±99999.999in
每分钟进给	增量单位 IS－B	F	1～240000mm/min	0.01～9600.00in/min
	增量单位 IS－C		1～100000mm/min	0.001～4000.00in/min
每转进给			0.001～500.00mm/r	0.0001～9.9999in/r
主轴转速功能		S	0～20000r/min	0～20000r/min
刀具功能		T	0～999999999	0～999999999
辅助功能		M	0～999999999	0～999999999
		B	0～999999999	0～999999999
偏置号		D,H	0～400	0～400
暂停	增量单位 IS－B	P,X	0～999999.999s	0～999999.999s
	增量单位 IS－C		0～999999.999s	0～999999.999s
程序号指定		P	1～9999	1～9999
子程序重复次数		P	1～999	1～999

注:1in = 25.4mm。

3
PROJECT

37

（1）语句号字（顺序号）　用以识别程序段的编号，由地址码 N 和后面的若干位数字组成。例如：N20 表示该语句的句号为 20。顺序号与数控程序的加工顺序无关，它只是程序段的代号，故可任意编号，但最好由小到大按顺序编号，这样比较符合人们的思维习惯。

（2）功能字　功能字主要包括：准备功能字（G 功能字）、进给功能字（F 功能字）、主轴转速功能字（S 功能字）、刀具功能字（T 功能字）和辅助功能字（M 功能字），各功能字均由相应的地址码和后面的数字组成。

（3）尺寸字　尺寸字由地址码、"+""－"符号及绝对（或增量）数值构成。尺寸字的地址码有 X、Y、Z、U、V、W、P、Q、R、A、B、C、I、J、K、D、H 等，如"X22.5 Y－55.0"。尺寸字的"+"可省略。

（4）程序段结束　写在每一程序段之后，表示程序结束。当用"EIA"标准代码时，结束符为"CR"；用"ISO"标准代码时为"NL"或"LF"；有的用符号"；"或"＊"表示；有的直接按 <Enter> 键即可。

程序段中各地址的含义举例见表 3-3。

表 3-3　程序段中各地址的含义举例

指令代码	N100	G01	G42	X50.0	Y10.0	F100.0	S500	M03	D01
含义	语句号字	准备功能		尺寸字		进给功能	主轴转速功能	辅助功能	补偿号指定

3.2.3　铣床数控系统的功能和指令代码

数控铣床常用的功能指令有准备功能 G、辅助功能 M、刀具功能 T、主轴转速功能 S 和进给功能 F。

1. 准备功能 G

表 3-4 是华中世纪星 HNC-21M 数控系统常用的 G 功能代码。

表 3-4　华中世纪星 HNC-21M 数控系统常用的 G 功能代码

代码	功　能	组别	代码	功　能	组别
★G00	快速定位	01	G25	镜像关	03
G01	直线插补		G28	返回参考点	00
G02	顺时针圆弧插补		G29	由参考点返回	
G03	逆时针圆弧插补		G33	螺纹切削	01
G04	暂停	00	★G40	刀具半径补偿取消	09
G09	准确停止检验		G41	刀具半径左补偿	
G07	虚轴指定	16	G42	刀具半径右补偿	
★G17	*XY* 平面选择	02	G43	刀具长度正向补偿	10
G18	*ZX* 平面选择		G44	刀具长度负向补偿	
G19	*YZ* 平面选择		★G49	取消刀具长度补偿	
G20	英寸输入	08	G50	缩放关	04
G21	毫米输入		G51	缩放开	
G22	脉冲当量		G52	局部坐标系设定	00
G24	镜像开	03	G53	直接机床坐标系编程	

3 PROJECT

（续）

代码	功 能	组别	代码	功 能	组别
G54	选择第1工件坐标系	00	G81	定心钻循环	
G55	选择第2工件坐标系	12	G82	钻孔循环	09
G56	选择第3工件坐标系	00	G83	深孔钻循环	
G57	选择第4工件坐标系		G84	攻螺纹循环	
G58	选择第5工件坐标系		G85	镗孔循环	
G59	选择第6工件坐标系	12	G86	镗孔循环	03
G60	单方向定位		G87	反镗循环	00
G61	精确停止检验方式		G88	镗孔循环	
G64	连续方式		G89	镗孔循环	
G65	子程序调用		★G90	绝对坐标编程	05
G68	旋转变换		G91	增量坐标编程	
G69	旋转取消		G92	工件坐标系设定	
G73	深孔钻削循环	09	★G94	每分钟进给量	
G74	逆攻螺纹循环		G95	每转进给量	
G76	精镗循环		G96	每分钟线速度	
★G80	固定循环取消		G97	每分钟转速	

注：1. 标有★的G代码为电源接通时的状态。
2. "00"组的G代码为非续效代码，其余为续效代码。
3. 如果同组的G代码出现在同一程序段中，则最后一个G代码有效。
4. 在固定循环中（09组），如果遇到01组的G代码时，固定循环被自动取消。

表3-5是FANUC 0i-MB数控铣削（加工中心）系统的G功能代码。

表3-5 FANUC 0i-MB系统的G功能代码

代 码	组别	功 能	代 码	组别	功 能
G00 *		定位	G17 *		选择$X_P Y_P$平面 X_P:X轴或其平行轴
G01（*）	01	直线插补	G18（*）	02	选择$Z_P X_P$平面 Y_P:Y轴或其平行轴
G02		顺时针圆弧插补/螺旋线插补	G19（*）		选择$Y_P Z_P$平面 Z_P:Z轴或其平行轴
G03		逆时针圆弧插补/螺旋线插补	G20	06	英寸输入
G04		停刀，准确停止	G21		毫米输入
G05.1		AI先行控制	G22 *	04	存储行程检测功能有效
G07.1（G107）		圆柱插补	G23		存储行程检测功能无效
G08	00	先行控制	G25 *	24	主轴速度波动监测功能无效
G09		准确停止	G26		主轴速度波动监测功能有效
G10		可编程数据输入	G27		返回参考点检测
G11		可编程数据输入方式取消	G28		返回参考点
G15 *	17	极坐标指令取消	G29	00	从参考点返回
G16		极坐标指令	G30		返回第2,3,4参考点

（续）

代　码	组别	功　能	代　码	组别	功　能
G31	00	跳跃功能	G63	15	攻螺纹方式
G33	01	螺纹切削	G64 *		切削方式
G37	00	自动刀具长度测量	G65	00	宏程序调用
G39		拐角偏置圆弧插补	G66	12	宏程序模态调用
G40 *	07	刀具半径补偿取消/三维补偿取消	G67 *		宏程序调用取消
			G68	16	坐标旋转/三维坐标转换
G41		左侧刀具半径补偿/三维补偿	G69 *		坐标旋转取消/三维坐标转换取消
G42		右侧刀具半径补偿			
G40.1（G150） *	19	法线方向控制取消方式	G73		排屑钻孔循环
G41.1（G151）		法线方向控制左侧接通	G74		左旋攻螺纹循环
G42.1（G152）		法线方向控制右侧接通	G76		精镗循环
G43	08	正向刀具长度补偿	G80 *		固定循环取消/外部操作功能取消
G44		负向刀具长度补偿			
G45	00	刀具偏置量增加	G81		钻孔循环、锪镗循环或外部操作功能
G46		刀具偏置量减少			
G47		2倍刀具偏置量	G82	09	钻孔循环或反镗循环
G48		1/2刀具偏置量	G83		排屑钻孔循环
G49 *	08	刀具长度补偿取消	G84		攻螺纹循环
G50 *	11	比例缩放取消	G85		镗孔循环
G51		比例缩放有效	G86		镗孔循环
G50.1 *	22	可编程镜像取消	G87		背镗循环
G51.1		可编程镜像有效	G88		镗孔循环
G52	00	局部坐标系设定	G89		镗孔循环
G53		选择机床坐标系	G90 *	03	绝对值编程
G54 *	14	选择工件坐标系1	G91 （*）		增量值编程
G54.1		选择附加工件坐标系	G92	00	设定工件坐标系或最大主轴速度控制
G55		选择工件坐标系2			
G56		选择工件坐标系3	G92.1		工件坐标系预置
G57		选择工件坐标系4	G94 *	05	每分钟进给
G58		选择工件坐标系5	G95		每转进给
G59		选择工件坐标系6	G96	13	恒表面速度控制
G60	00/01	单方向定位	G97 *		恒表面速度控制取消
G61	15	准确停止方式	G98 *	10	固定循环返回到初始点
G62		自动拐角倍率	G99		固定循环返回到R点

注：1. 带 * 号的G代码表示接通电源时，即为该G代码的状态。G00、G01；G17、G18、G19；G90、G91由参数设定选择。

2. 00组G代码中，除了G10和G11以外其他的都是非模态G代码。

3. 一旦指令了G代码表中没有的G代码，显示报警（NO.010）。

4. 不同组的G代码在同一个程序段中可以指令多个，但如果在同一个程序段中指令了两个或两个以上同一一组的G代码时，则只有最后一个G代码有效。

5. 在固定循环中，如果指令了01组的G代码，则固定循环将被自动取消，变为G80的状态。但是，01组的G代码不受固定循环G代码的影响。

6. G代码按组号显示。

7. 编程时，前面的0可省略，如G00、G01可简写为G0、G1。

2. 辅助功能 M

数控铣床的 M 功能与数控车床的基本相同，表 3-6 为华中世纪星 HNC-21M 数控系统的常用 M 功能。

表 3-6　华中世纪星 HNC-21M 数控系统常用 M 功能

代码	功　能	执行类别	代码	功　能	执行类别
M00	程序停止	A	M07	切削液开（雾状）	W
M01	选择性停止	A	M08	切削液开	W
M02	程序结束	A	M09	切削液关	A
M03	主轴正转	W	M19	主轴准停	A
M04	主轴反转	W	M30	程序结束并返回	A
M05	主轴停止	A	M98	调用子程序	A
M06	自动换刀	W	M99	子程序结束，并返回主程序	A

注：W 表示前指令代码，A 表示后指令代码。

（1）程序暂停指令 M00　当 CNC 执行到 M00 指令时，将暂停执行当前程序，以方便操作者进行刀具和工件的尺寸测量、工件调头、手动变速等操作。暂停时，机床的主轴、进给及切削液停止，而全部现存的模态信息保持不变，欲继续执行后续程序，重按操作面板上的"循环启动"键。M00 指令为非模态后作用 M 功能。

（2）程序结束指令 M02　M02 指令编在主程序的最后一个程序段中。当 CNC 执行到 M02 指令时，机床的主轴、进给、切削液全部停止，加工结束。使用 M02 指令的程序结束后，若要重新执行该程序，就得重新调用该程序，或将移动光标返回到第一个程序段，然后再按操作面板上的"循环启动"键。M02 指令为非模态后作用 M 功能。

（3）主轴控制指令 M03、M04、M05　M03 指令起动主轴以程序中编制的主轴速度顺时针方向（从 Z 轴正向朝 Z 轴负向看）旋转。M04 指令起动主轴以程序中编制的主轴速度逆时针方向旋转。M05 指令使主轴停止旋转。M03、M04 指令为模态前作用 M 功能，M05 指令为模态后作用 M 功能。M05 指令为默认功能。M03、M04、M05 指令可相互注销。

（4）切削液打开、停止指令 M07、M08、M09　执行 M07 指令将打开切削液管道（雾状）；执行 M08 指令将打开切削液管道；执行 M09 指令将关闭切削液管道。M07、M08 指令为模态前作用 M 功能；M09 指令为模态后作用 M 功能。M09 指令为默认功能。

（5）程序结束并返回到零件程序头指令 M30　M30 指令和 M02 指令功能基本相同，只是 M30 指令还兼有控制返回到零件程序头（%）的作用。使用 M30 指令的程序结束后，若要重新执行该程序，只需再次按操作面板上的"循环启动"键。

（6）子程序调用指令 M98 及从子程序返回指令 M99　M98 指令用来调用子程序；M99 指令表示子程序结束，执行 M99 指令使控制返回到上一级程序。

通常 M 功能除某些有通用性的标准码外（如 M03、M05、M08、M09、M30 等），亦可由制造厂商依其机械的动作要求，设计出不同的 M 指令，以控制不同的开/关动作，或预留 I/O（输入/输出）接点，为用户自行连接其他外围设备使用。

在同一程序段中若有两个 M 代码出现时，虽其动作不相冲突，但以排列在最后面的 M 代码有效，前面的 M 代码被忽略而不执行。

一般数控机床的 M 代码的前导零可省略，如 M01 可用 M1 表示，M03 可用 M3 来表示，余者类推，这样可节省内存空间及键入的字数。

注意：M 代码分为前指令代码（表 3-6 中标 W）和后指令代码（表 3-6 中标 A），前指令代码和同一程序段中的移动指令同时执行，后指令代码在同段的移动指令执行完后才执行。例如下面的程序结构，注意 M 代码执行的时间：

（G00 移动指令）M03；　　　　　（在快速定位的同时主轴正转）
（G01 移动指令）M08；　　　　　（切削液开，刀具靠近工件准备加工）
（M98　P__；）　　　　　　　　（调用"P"指定的子程序执行）
（G01 移动指令）M09；　　　　　（刀具离开工件后，切削液关）
（G00 移动指令）M05；　　　　　（刀具快速移动后，主轴停）
M06；　　　　　　　　　　　　　（换刀，此处为单独 M 指令直接执行）
M30（M02）；　　　　　　　　　（程序结束，此处为单独 M 指令直接执行）

FANUC 0i-MB 系统辅助功能 M 指令见表 3-7。

表 3-7　FANUC 0i-MB 系统辅助功能 M 指令

代 码	功　　能	执行类别	代 码	功　　能	执行类别
M00	程序停止	A	M30	程序结束并返回	A
M01	程序选择停止		M63	排屑起动	
M02	程序结束		M64	排屑停止	
M03	主轴正转	W	M80	刀库前进	单独程序段
M04	正转反转		M81	刀库后退	
M05	主轴停止	A	M82	刀具松开	
M06	刀具自动交换	W	M83	刀具夹紧	
M08	切削液开(有些厂家设置为 M07)		M85	刀库旋转	
M09	切削液关	A	M98	调用子程序	A
M19	主轴定向	单独程序段	M99	调用子程序结束并返回	
M29	刚性攻螺纹				

注：1. W 表示前指令代码，A 表示后指令代码。
　　2. 编程时，前面的 0 可省略，如 M00、M01 可简写为 M0、M1。

3. F、S、T 功能

（1）进给功能（F 功能）　F 指令表示加工工件时刀具相对于工件的进给量或合成进给速度，F 值的单位取决于 G94（每分钟进给量 mm/min）或 G95（每转进给量 mm/r）。当工作在 G01、G02 或 G03 方式下时，编程的 F 值一直有效，直到被新的 F 值所取代；而工作在 G00、G60 方式下时，快速定位的速度是各轴的最高速度，与所编 F 值无关。借助操作面板上的倍率按键，F 值可在一定范围内进行倍率修调。当执行攻螺纹循环 G84 或螺纹切削 G33 时，倍率开关失效，进给倍率固定在 100%。

F 值如超过制造厂商所设定的范围时，则以制造厂商所设定的最高或最低进给速度为实际进给速度。

进给速度 v_f 的值计算公式为：

$$v_f = f_z z n$$

式中　f_z——铣刀每齿的进给量（mm/齿）；

z——铣刀的齿数；

n——刀具的转速（r/min）。

（2）S功能 S功能用于指令主轴转速（m/min）。S代码由地址S后面接1~4位数字组成。如其指令的数字大于或小于制造厂商所设定的最高或最低转速时，将以制造厂商所设定的最高或最低转速为实际转速。一般数控铣床的主轴转速为0~6000r/min。

（3）T功能 数控铣床因无自动换刀系统ATC，必须人工换刀，所以自动换刀T功能只用于加工中心。T代码由地址T后面接两位数字组成。

3.2.4 常用指令功能及应用

1. 尺寸单位选择指令G20、G21、G22

格式：G20

　　　G21

　　　G22

说明：G20为英制输入制式；G21为米制输入制式；G22为脉冲当量输入制式。三种制式下线性轴、旋转轴的尺寸单位见表3-8。G20、G21、G22为模态功能，可相互注销，G21为默认值。

表3-8 尺寸输入制式及其单位

代　码	线　性　轴	旋　转　轴
英制（G20）	in（英寸）	（°）度
米制（G21）	mm（毫米）	（°）度
脉冲当量（G22）	移动轴脉冲当量	旋转轴脉冲当量

2. 进给速度单位的设定指令G94、G95

格式：G94 ［F ＿］；

　　　G95 ［F ＿］；

说明：G94为每分钟进给；G95为每转进给。

G94为每分钟进给。对于线性轴，F的单位按G20、G21、G22的顺序设定分别为mm/min、in/min或脉冲当量/min；对于旋转轴，F的单位为（°）/min或脉冲当量/min。

G95为每转进给，即主轴转一周时刀具的进给量。F的单位按G20、G21、G22的顺序设定分别为mm/r、in/r或脉冲当量/r，这个功能只在主轴装有编码器时才能使用。

G94、G95为模态功能，可相互注销，G94为默认值。

3. 平面选择指令G17、G18、G19

在三坐标机床上加工时，如进行圆弧插补，要规定加工所在的平面，用G代码可以进行平面选择，如图3-7所示。G17表示XY平面；G18表示ZX平面；G19表示YZ平面。其中，G17在使用时可以省略。

4. 绝对坐标与增量坐标指令G90、G91

说明：

G90：绝对坐标设定；

G91：增量坐标设定；

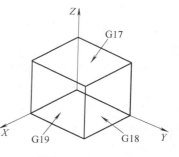

图3-7 平面选择

G90 和 G91 为模态指令。

G90、G91 表示运动轴的移动方式。在数控系统中描述机床运动的坐标位置有两种方式：以某一固定原点为基准点计量的坐标称为绝对坐标；以运动轨迹起点坐标为基准点计量的终点坐标称为增量（相对）坐标。使用绝对坐标指令 G90，程序中的位移量用刀具的终点坐标表示。使用相对坐标指令 G91，用刀具运动的增量表示。如图 3-8 所示，表示刀具从 A 点到 B 点的移动用以上两种方式编程分别如下：

G90 方式：G90　X80　Y150；

G91 方式：G91　X－120　Y90；

例1　如图 3-9 所示，刀具从起始点快速移动到指定点，指定点坐标值的确定如下：

G90 方式：G90　X20.0　Y40.0；

G91 方式：G91　X－50.0　Y20.0；

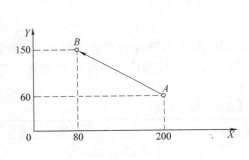

图 3-8　编程示例　　　　　　　　　　图 3-9　绝对坐标和增量坐标

5. 快速定位指令 G00

刀具从当前位置快速移动到切削开始前的位置，一般在刀具非加工状态的快速移动时使用。该指令只是快速定位，其运动轨迹因具体的控制系统不同而异，进给速度 F 对 G00 指令无效。

格式：G00　X __　Y __　Z __；

说明：X、Y、Z 为快速定位终点，在 G90 时为终点在工件坐标系中的坐标；在 G91 时为终点相对于起点的位移量。

G00 指令刀具相对于工件以各轴预先设定的速度，从当前位置快速移动到程序段指令的定位目标点。

G00 指令中的快移速度由机床参数"快移进给速度"对各轴分别设定。

G00 一般用于加工前快速定位或加工后快速退刀。快移速度可由面板上的快速修调旋钮修正。

G00 为模态功能，可由 G01、G02、G03 或 G33 功能注销。

注意：在执行 G00 指令时，由于各轴以各自速度移动，不能保证各轴同时到达终点，因而联动直线轴的合成轨迹不一定是直线。操作者必须格外小心，以免刀具与工件发生碰撞。常见的做法是将 Z 轴移动到安全高度，再放心地执行 G00 指令。

例2　如图 3-10 所示，使用 G00 编程，要求刀具从 A 点快速定位到 B 点。

绝对值编程：G90　G00　X90　Y45；

增量值编程：G91　G00　X70　Y30；

当 X 轴和 Y 轴的快进速度相同时，从 A 点到 B 点的快速定位路线为 A→C→B，即以折线的方式到达 B 点，而不是以直线方式从 A 点到 B 点。

6. 直线进给指令 G01

刀具做两点间的直线运动的加工时用 G01 指令，该指令表示刀具从当前位置开始以给定的速度（切削速度 F），沿直线移动到规定的位置。

格式：G01　X __ 　Y __ 　Z __ 　F __ ；

说明：X、Y、Z 为线性进给终点，在 G90 时为终点在工件坐标系中的坐标；在 G91 时为终点相对于起点的位移量；F 为合成进给速度。

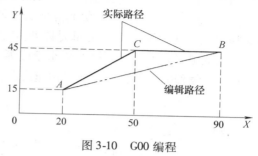

图 3-10　G00 编程

G01 指令刀具以联动的方式，按 F 规定的合成进给速度，从当前位置按线性路线（联动直线轴的合成轨迹为直线）移动到程序段指令的终点。

G01 是模态代码，可由 G00、G02、G03 或 G33 功能注销。

例 3　如图 3-11 所示，使用 G01 编程，要求从 A 点线性进给到 B 点。此时的进给路线是从 A 到 B 的直线。

绝对值编程：G90　G01　X90　Y45　F800；

增量值编程：G91　G01　X70　Y30　F800；

7. 圆弧插补指令 G02、G03

G02 为顺时针圆弧插补指令，G03 为逆时针圆弧插补指令。刀具进行圆弧插补时必须规定所在平面，然后再确定回转方向。如图 3-12 所示，沿垂直于圆弧所在平面（如 XY 平面）的另一坐标轴的正方向向负方向（−Z）看去，顺时针方向为 G02，逆时针方向为 G03。

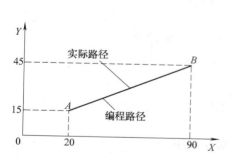

图 3-11　G01 编程

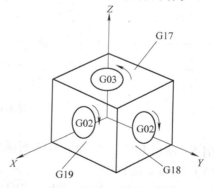

图 3-12　圆弧顺逆方向判断

格式：

G17　G02/G03　X __ 　Y __ 　I __ 　J __ 　/R __ 　F __ ；

G18　G02/G03　X __ 　Z __ 　I __ 　K __ 　/R __ 　F __ ；

G19　G02/G03　Y __ 　Z __ 　J __ 　K __ 　/R __ 　F __ ；

说明：G02 为顺时针圆弧插补；G03 为逆时针圆弧插补，如图 3-13 所示。G17 为 XY 平面的圆弧；G18 为 ZX 平面的圆弧；G19 为 YZ 平面的圆弧。

X、Y、Z 为圆弧终点，在 G90 时为圆弧终点在工件坐标系中的坐标；在 G91 时为圆弧终点相对于圆弧起点的位移量。

I、J、K 为圆心相对于圆弧起点的偏移值（等于圆心的坐标减去圆弧起点的坐标），如图 3-14 所示，在 G90、G91 时都是以增量方式指定的。

R 为圆弧半径，当圆弧圆心角小于或等于180°时 R 为正值，否则 R 为负值。

F 为被编程的两个轴的合成进给速度。

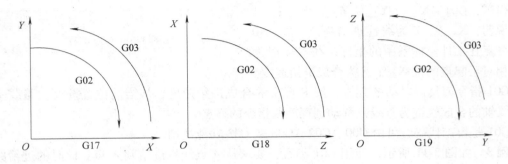

图 3-13　不同平面的 G02 与 G03 选择

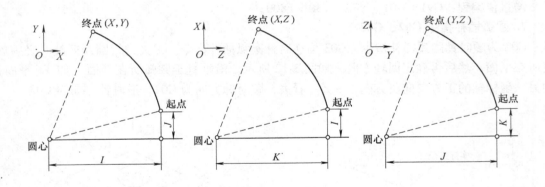

图 3-14　I、J、K 的选择

例4　使用 G02 指令对图 3-15 所示劣弧 a 和优弧 b 编程。

（1）圆弧 a 的程序

G91　G02　X30　Y30　R30　F300；

G91　G02　X30　Y30　I30　J0　F300；

G90　G02　X0　Y30　R30　F300；

G90　G02　X0　Y30　I30　J0　F300；

（2）圆弧 b 的程序

G91　G02　X30　Y30　R−30　F300；

G91　G02　X30　Y30　I0　J30　F300；

G90　　G02　　X0　　Y30　　R－30　F300；

G90　　G02　　X0　　Y30　　I0　　J30　　F300；

例5　使用 G02/G03 对图 3-16 所示的整圆编程。

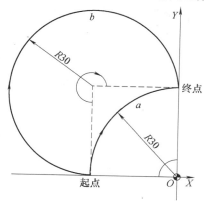

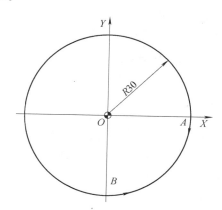

图 3-15　圆弧编程　　　　　　　　图 3-16　整圆编程

（1）从 A 点顺时针一周时

G90　　G02　　X30　　Y0　　I－30　　J0　　F300；

G91　　G02　　X0　　Y0　　I－30　　J0　　F300；

（2）从 B 点逆时针一周时

G90　　G03　　X0　　Y30　　I0　　J30　　F300；

G91　　G03　　X0　　Y0　　I0　　J30　　F300；

注意：

1）顺时针或逆时针是从垂直于圆弧所在平面的坐标轴的正方向向负方向所看到的回转方向。

2）整圆编程时不可以使用 R，只能用 I、J、K。

3）同时编入 R 与 I、J、K 时，R 有效。

8. 螺旋线进给指令 G02、G03

格式：G17　G02/G03　X＿＿　Y＿＿　Z＿＿　I＿＿　J＿＿　/R＿＿　F＿＿；

　　　　G18　G02/G03　X＿＿　Z＿＿　Y＿＿　I＿＿　K＿＿　/R＿＿　F＿＿；

　　　　G19　G02/G03　Y＿＿　Z＿＿　X＿＿　J＿＿　K＿＿　/R＿＿　F＿＿；

说明：X、Y、Z 为由 G17/G18/G19 平面选定的两个坐标为螺旋线投影圆弧的终点，意义同圆弧进给，第三坐标是与选定平面相垂直的轴终点；其余参数的意义同圆弧进给。

该指令对另一个不在圆弧平面上的坐标轴施加运动指令，对于任何小于 360° 的圆弧，可附加任一数值的单轴令。

例6　使用 G03 对图 3-17 所示的螺旋线编程。

用 G91 编程时：　　　　　　　　　　用 G90 编程时：

G91　　G17　　F300；　　　　　　　　G90　　G17　　F300；

G03　　X－30　Y30　R30　Z10；　　　　G03　　X0　Y30　R30　Z10；

9. 暂停指令 G04

G04 暂停指令可使刀具做短时间无进给加工，或使机床空运转，以降低工件加工表面的

3

PROJECT

47

表面粗糙度值。

格式：G04　X1.6 或 G04　P1600；

说明：X1.6 表示暂停时间为 1.6s；P1600 表示暂停时间为 1600ms。

G04 指令在前一程序段的进给速度降到零之后才开始暂停动作。在执行含 G04 指令的程序段时，先执行暂停功能。

G04 为非模态指令，仅在其被规定的程序段中有效。

例7　编制图 3-18 所示零件的钻孔加工程序。

%0004；

N10　G54　G94　G97；

N20　G91　F200　M03　S500；

N30　G43　G01　Z-6　H01；

N40　G04　P5；

N50　G49　G00　Z6；

N60　M05；

N70　M30；

执行 G04 指令可使刀具做短暂停留，以获得圆整而光滑的表面，如对不通孔做深度控制时，在刀具进给到规定深度后，可用暂停指令使刀具做非进给光整切削，然后退刀，保证孔底平整。

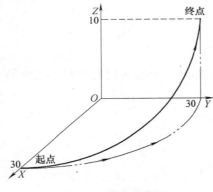

图 3-17　螺旋线编程

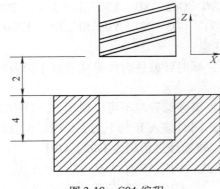

图 3-18　G04 编程

10. 坐标系设定指令 G92

在使用绝对坐标指令编程时，预先要确定工作坐标系，通过 G92 可以确定当前工作坐标系，该坐标系在机床重开机时消失，如图 3-19 所示。

格式：G92　X＿　Y＿　Z＿；

例如：G92　X150.0　Y300.0　Z200.0；

11. 工作坐标系的选取指令 G54～G59

一般数控机床可以预先设置 6 个（G54～G59）工作坐标系，这些工作坐标系储存在机床的存储器内，都以机械原点为参考点，分别以各自坐标轴与机械原点的偏移量来表示，如图 3-20 所示。在程序中可以选用工作坐标系中的其中一个或多个。

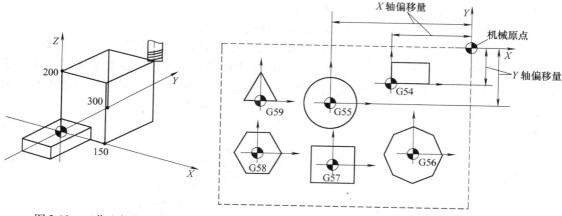

图 3-19 工作坐标的设定

图 3-20 预置工作坐标系设定

注意：G54 ~ G59 是一组模态指令，没有默认方式。若程序中没有给出工作坐标系，则数控系统默认程序原点为机械原点。

12. 刀具半径补偿指令 G40、G41、G42

建立刀具半径补偿指令格式：

G17/G18/G19　G40/G41/G42　G00/G01　X__　Y__　Z__　D__；

说明：G40 为取消刀具半径补偿；G41 为左刀补（在刀具前进方向左侧补偿），如图 3-21a 所示；G42 为右刀补（在刀具前进方向右侧补偿），如图 3-21b 所示；G17 表示刀具半径补偿平面为 XY 平面；G18 表示刀具半径补偿平面为 ZX 平面；G19 表示刀具半径补偿平面为 YZ 平面：X、Y、Z 为 G00/G01 的参数，即刀补建立或取消的终点（注：投影到补偿平面上的刀具轨迹受到补偿）；D 为 G41/G42 的参数，即刀补号码（D00 ~ D99），它代表了刀补表中对应的半径补偿值。

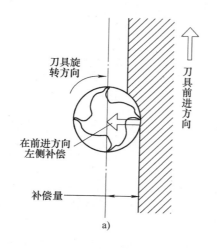

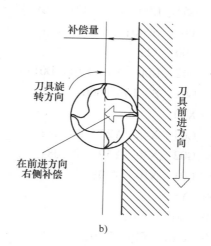

图 3-21 刀具补偿方向

a）左刀补　b）右刀补

G40、G41、G42 都是模态代码，可相互注销。

注意：1）刀具半径补偿平面的切换必须在补偿取消方式下进行。

2）刀具半径补偿的建立与取消只能用 G00 或 G01 指令，不能用 G02 或 G03 指令。

例8 考虑刀具半径补偿后，编制图 3-22 所示零件的加工程序，要求建立图 3-22 所示的工件坐标系，按箭头所指示的路径进行加工，设加工开始时刀具距离工件上表面 50mm，切削深度为 10mm。

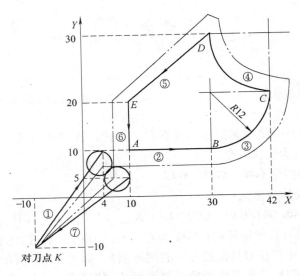

图 3-22 刀具半径补偿编程

程序如下：

```
%1008 ；
N10   G54   G90   G17   G94   G97 ；
N20   M03   S900 ；
N30   G00   Z2 ；
N40   G42   G00   X4   Y10   D01 ；
N50   G01   Z－10   F800 ；
N60   X30 ；
N70   G03   X42   Y22   I0   J12 ；
N80   G02   X30   Y30   I0   J8 ；
N90   G01   X10   Y20 ；
N100   Y5 ；
N110   G00   Z50 ；
N120   G40   X10   Y10 ；
N130   M05 ；
N140   M30 ；
```

注意：1）加工前应先用手动方式对刀，将刀具移动到相对于编程原点（10，10，50）

的对刀点处。

2）图中带箭头的实线为编程轮廓，不带箭头的细双点画线为刀具中心的实际路线。

3.3 任务实施

毛坯为 120mm×60mm×10mm 板材，5mm 高的外轮廓已粗加工过，周边留 2mm 余量，要求加工出图 3-23 所示的外轮廓及 ϕ20mm 的孔。工件材料为铝。

1. 根据图样要求、毛坯及前道工序的加工情况，确定工艺方案及加工路线

（1）定位夹紧 以底面为定位基准，两侧用压板压紧，固定于数控铣床工作台上。

（2）工步顺序

1）钻孔 ϕ20mm。

2）按 O'ABCDEFGO' 线路铣削轮廓。

2. 选择机床设备

根据零件图样要求，选用经济型数控铣床即可达到要求。

3. 选择刀具

现采用 ϕ20mm 的钻头，定义为 T02；ϕ5mm 的平底立铣刀，定义为 T01；并把该刀具的直径输入刀具参数表中。由于普通数控铣床没有自动换刀功能，按照零件加工要求，只能手动换刀。

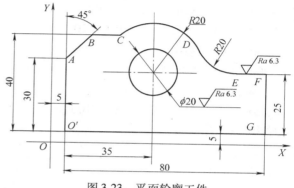

图 3-23 平面轮廓工件

4. 确定切削用量

切削用量的具体数值应根据该机床性能、相关的手册并结合实际经验确定，详见加工程序。

5. 确定工件坐标系和对刀点

在 XOY 平面内确定以 O 点为工件原点，Z 方向以工件下表面为工件原点，建立工件坐标系，如图 3-23 所示。采用手动对刀方法把 O 点作为对刀点。

6. 编写程序

（1）华中世纪星 HNC-21M 系统编程

%0002；

N10	G54	G90	G17	G94	G97	G40；

建立工件坐标系，手工安装好 ϕ20mm 的钻头

N20 M03 S700；

N30 G00 Z100；

N30 G00 X0 Y0；

N40 Z15；

N50 G98 G81 X40 Y30 Z−5 R5 F150； 钻孔循环

N60 G00 X5 Y5 Z100；

N70 M05；

N80　M00;　　　　　　　　　　　　　　　　　　程序暂停，手动换 φ5mm 平底立铣刀

N90　M03　S800;
N100　G41　G00　X－20　Y－10　D01;
N110　G01　Z－5　F80;
N120　G01　X5　Y－10　F150;
N130　G01　Y35　F150;
N140　G91;
N150　G01　X10　Y10;
N160　X11.8　Y0;
N170　G02　X30.5　Y－5　R20;
N180　G03　X17.3　Y－10　R20;
N190　G01　X10.4　Y0;
N200　G01　X0　Y－25;
N210　G01　X－90　Y0;
N220　G90　G00　X5　Y5　Z100;
N230　G40;
N240　M05;
N250　M30;

（2）FANUC 0i-MB 系统编程
O0002;
N10　G54　G90　G17　G94　G97　G40;　　　　　建立工件坐标系，手工安装好 φ20mm 的钻头

N20　M03　S700;
N30　G00　Z100;
N40　G00　X0　Y0;
N50　Z15;
N60　G98　G81　X40　Y30　Z－5　R5　F150;　　钻孔循环
N70　G00　X5　Y5　Z100;
N80　M05;
N90　M00;　　　　　　　　　　　　　　　　　　程序暂停，手动换 φ5mm 平底立铣刀

N100　M03　S800;
N110　G41　G00　X－20　Y－10　D01;
N120　G01　Z－5　F80;
N130　G01　X5　Y－10　F150;
N140　G01　Y35　F150;
N150　G91;
N160　G01　X10　Y10;

N170　X11.8　Y0；

N180　G02　X30.5　Y-5　R20；

N190　G03　X17.3　Y-10　R20；

N200　G01　X10.4　Y0；

N210　X0　Y-25；

N220　X-90　Y0；

N230　G90　G00　X5　Y5　Z100；

N240　G40；

N250　M05；

N260　M30；

3.4　任务评价与总结提高

3.4.1　任务评价

本任务的考核标准评价见表3-9，本任务在该课程考核成绩中的比例为25%。

表3-9　考 核 标 准

序号	工作过程	主要内容	建议考核方式	评分标准	配分
1	资讯（10分）	任务相关知识查找	教师评价50%相互评价50%	通过资讯查找相关知识学习,按任务知识能力掌握情况评分	15
2	决策计划（10分）	确定方案、编写计划	教师评价80%相互评价20%	应用编程指令,合理编写加工程序进行评分	20
3	实施（10分）	格式正确、应用合理、合理性高	教师评价20%自己评价30%相互评价50%	根据图样,正确编写程序	30
4	任务总结报告（60分）	记录实施过程、步骤	教师评价100%	根据零件图样程序编制的任务分析、实施、总结过程记录情况,提出新方法等情况评分	15
5	职业素养、团队合作（10分）	工作积极主动性,组织协调与合作	教师评价30%自己评价20%相互评价50%	根据工作积极主动性以及相互协作情况评分	20

3.4.2　任务总结

在数控机床上加工零件，首先要进行程序编制，将零件的加工顺序、工件与刀具相对运

3

PROJECT

53

动轨迹的尺寸数据、工艺参数（主运动和进给运动速度、切削深度等）以及辅助操作等加工信息，用规定的文字、数字、符号组成的代码，按一定的格式编写成加工程序单，并将程序单的信息通过控制介质输入到数控装置，由数控装置控制机床进行自动加工。从零件图样到编制零件加工程序和制作控制介质的全部过程称为数控程序编制。

学生通过该任务的练习，能够根据零件图样的技术要求，划分加工工艺，合理选用切削用量，安排最佳的进给路线，按照编程的步骤及编程格式，使用编程指令，合理地编写加工程序。

3.4.3　练习与提高

一、选择题

1. 在数控加工程序中，用各种_____指令描述工艺过程中的各种操作和运动特性。

A. F、S　　　　　　　　　B. G、M　　　　　　　　C. T、P

2. 在华中数控系统中，调用子程序指令是_____。

A. M08　　　　　　　　　B. M99　　　　　　　　　C. M98

3. 在数控系统中，_____指令在加工过程中是模态指令。

A. G01　　　　　　　　　B. G27　　　　　　　　　C. G04

4. 当程序要进行有计划停止时，采用的辅助功能代码为_____。

A. M00　　　　　　　　　B. M01　　　　　　　　　C. M02

5. 为了编程方便，一律规定为_____。

A. 刀具固定，工件运动　　B. 刀具运动，工件固定　　C. 刀具、工件都固定

6. G41 指令表示_____。

A. 刀具半径左补偿　　　　B. 刀具半径右补偿　　　　C. 刀具半径补偿取消

7. M03 指令表示_____。

A. 主轴顺时针方向旋转　　B. 主轴逆时针方向旋转　　C. 主轴停止

8. 程序段"G03　X60　Z-30　I0　K-30"中，I、K表示_____。

A. 圆弧终点坐标　　　　　B. 圆弧起点坐标　　　　　C. 圆心相对圆弧起点的增量

9. 子程序调用指令 M98　P5001 L2 的含义为_____。

A. 调用 500 号子程序 12 次　B. 调用 0012 号子程序 5 次　C. 调用 5001 号子程序 2 次

10. 确定数控机床坐标轴时，一般应先确定_____。

A. X 轴　　　　　　　　B. Y 轴　　　　　　　　C. Z 轴

二、编程题

1. 编写图 3-24 所示零件的加工程序，毛坯尺寸为 100mm×100mm×16mm。要求：只编写外形加工程序（可以选用多把不同半径面铣刀）。

2. 编写图 3-25 所示零件的加工程序，毛坯尺寸为 100mm×100mm×14mm。要求：只编写外形加工程序（可以选用多把不同半径面铣刀）。

3. 编写图 3-26 所示零件的加工程序，毛坯尺寸为 100mm×80mm×20mm。要求：只编写外形加工程序（可以选用多把不同半径的面铣刀）。

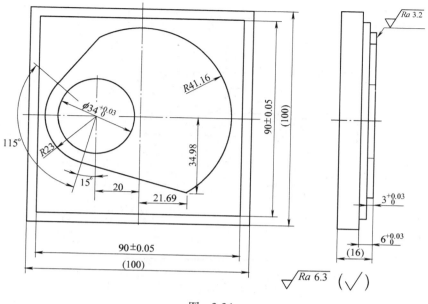

图 3-24

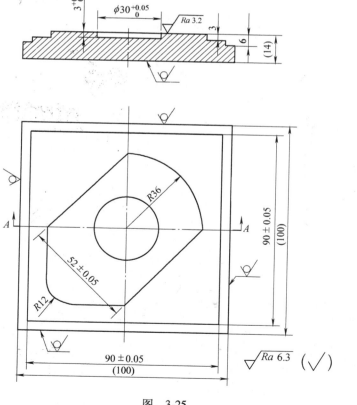

图 3-25

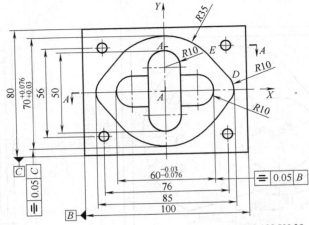

D: X40.192.Y6.39
E: X26.923.Y22.364

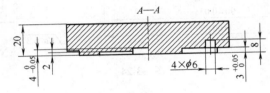

图 3-26

任务4 复杂零件的数控铣削编程

4.1 任务描述及目标

根据目前生产实际情况，手工编程在相当长的时间内还会是一种行之有效的编程方法。手工编程具有很强的技巧性，除了简单的指令以外，还有刀具长度补偿功能、比例及镜像加工功能、旋转功能、子程序调用功能、固定孔加工循环功能。对于复杂图形要熟练应用编程指令，掌握编程技巧，选择最佳的编程方案可简化编程量，提高程序的正确性，提高零件的加工效率。

学生通过学习本任务内容，能够根据零件图样选择编程坐标系，并熟练运用编程指令，掌握编程技巧，简化编程，快速、准确地完成加工程序的编制。

4.2 任务资讯

4.2.1 数控铣床高级编程指令及应用

4.2.1.1 华中世纪星 HNC—21M 系统

1. 刀具长度补偿指令 G43、G44、G49

为了提高加工效率，可以测量出刀具的长度，然后将其存在相应的刀具长度补偿寄存器中，作为刀具长度补偿。刀具的测量一般分为两种方式：一种是使用对刀仪测量刀具的长度，也就是刀具的实际长度（刀具端面到主轴锥孔定位点的距离），如图 4-1 所示；另一种是选择一把刀具作为基准刀具，先用这把基准刀具在工件零点对刀，然后用第二把刀具与基准刀具进行刀具长度比较，再将两把刀具长度的差值存到相应的刀具长度补偿寄存器中，作为刀具长度补偿，如图 4-2 所示。因此，我们在加工时就需要使用刀具长度补偿指令，来调用出相应的刀具长度补偿值进行刀具补偿。

格式：G17/G18/G19　G43/G44/G49　G00/G01　X __ Y __ Z __ H __；

说明：G17 表示刀具长度补偿轴为 Z 轴；G18 表示刀具长度补偿轴为 Y 轴；G19 表示刀具长度补偿轴为 X 轴；G43 为正向偏置（补偿轴终点加上偏置值）；G44 为负向偏置（补偿轴终点减去偏置值）；G49 为取消刀具长度补偿；X、Y、Z 为 G00/G01 的参数，即刀补建立或取消的终点；H 为 G43/G44 的参数，即刀具长度补偿偏置号（H00～H99），它代表了刀补表中对应的长度补偿值。

G43、G44、G49 都是模态代码，可以相互取代。

例1 考虑刀具长度补偿，编制图 4-3 所示零件的加工程序，要求建立图 4-3 所示的工件坐标系，并按箭头所指示的路径进行加工。

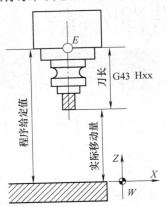

图 4-1 刀具测量方式（一）

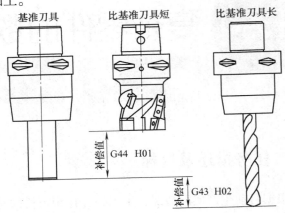

图 4-2 刀具测量方式（二）

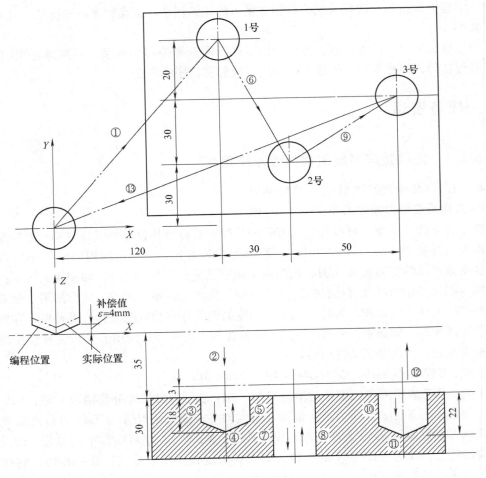

图 4-3 刀具长度补偿加工

4 PROJECT

参考程序如下：

```
%1050；
N10   G54   G90   G17   G80   G94   G97；
N20   M03   S600；
N30   G00   Z150；
N40   X120   Y80；
N50   Z5；
N60   G01   Z0   F100；
N70   G91   G43   Z-32   H01；
N80   G01   Z-21   F300；
N90   G04   P2；
N100   G00   Z21；
N110   X30   Y-50   X30；
N120   G01   Z-41   F80；
N130   G00   Z41；
N140   X50   X50   Y30；
N150   G01   Z-25   F80；
N160   G04   P2；
N170   G00   G49   Z57；
N180   X200   Y60；
N190   M05；
N200   M30；
```

注意：1）垂直于 G17、G18、G19 所选平面的 Z 轴、Y 轴、X 轴受到长度补偿。

2）偏置号改变时，新的偏置值并不加到旧偏置值上，如设 H01 的偏置值为 20，H02 的偏置值为 30，则

G90   G43   Z100   H01；Z 将达到 120
G90   G43   Z100   H02；Z 将达到 130

2. 局部坐标系设定指令 G52

格式：G52   X＿＿   Y＿＿   Z＿＿；

说明：X、Y、Z 为局部坐标系原点在当前工件坐标系中的坐标值。

G52 指令能在所有的工件坐标系（G92、G54 ~ G59）内形成子坐标系，即局部坐标系，如图 4-4 所示。设定局部坐标系后，工件坐标系和机床坐标系保持不变。

含有 G52 指令的程序段中，绝对值编程方式的指令值就是在该局部坐标系中的坐标值。

例2 如图 4-4 所示，刀具从 $A→B→C$ 路线进行，刀具起点在（20，20，0）处，编程如下：

N02	G92	X20	Y20	Z0；	设定 G92 为当前工作坐标系
N04	G90	G00	X10	Y10；	快速定位到 G92 工作坐标系中的 A 点
N06	G54；				将 G54 置为当前坐标系
N08	G90	G00	X10	Y10；	快速定位到 G54 工作坐标系中的 B 点
N10	G52	X20	Y20；		在当前工作坐标系 G54 中建立局部坐标系 G52

4 PROJECT

N12　G90　G00　X10　Y10；　　　　定位到 G52 中的 C 点

G52 指令为非模态指令。在缩放及旋转功能下，不能使用 G52 指令，但在 G52 下能进行缩放及坐标系旋转。

3. 子程序调用功能指令 M98

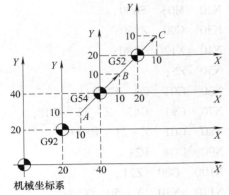

一次装夹加工多个形状相同或刀具运动轨迹相同的零件，即一个零件有重复加工部分的情况，为了简化加工程序，可把重复轨迹的程序段独立编成一程序进行反复调用，这种重复轨迹的程序称为子程序，而调用子程序的程序称为主程序。

（1）子程序的调用　子程序的调用方法如图 4-5 所示。需要注意的是，子程序还可以调用另外的子程序。主程序中调用的子程序称一重子程序，共可调用四重子程序，如图 4-6 所示。

图 4-4　局部坐标系的设定

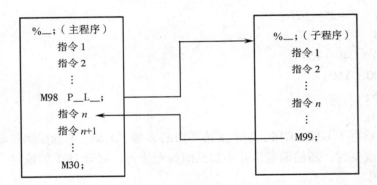

图 4-5　子程序的调用

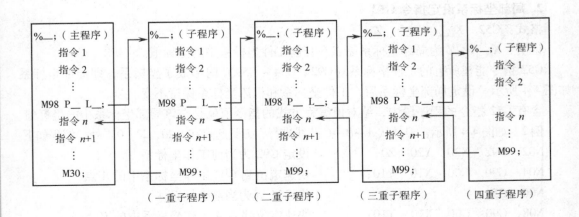

图 4-6　子程序

在子程序中调用子程序，与在主程序中调用子程序方法一致。

（2）格式 M98 P __ L __;

说明：P 为子程序名；L 为重复调用次数，若省略重复次数，则认为重复调用次数为 1 次。

例：M98 P123 L3;

表示程序号为 123 的子程序被连续调用 3 次，如图 4-7 所示。

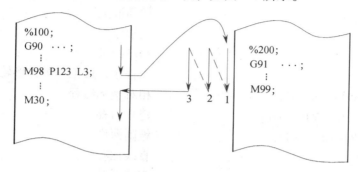

图 4-7 子程序连续调用

子程序中必须用 M99 指令结束子程序并返回主程序。

例3 加工图 4-8 所示的轮廓，已知刀具起始位置为（0，0，100），切削深度为 10mm，试编制程序。

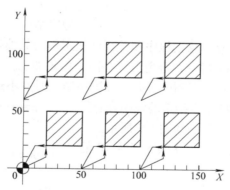

图 4-8 子程序应用示例

参考程序：

%0100;	主程序
N10 G54 G90 G17 G80 G94 G97;	建立工件坐标系，加工前准备指令
N20 M03 S800;	主轴正转，800r/min
N30 G00 Z100;	快速到安全位置
N40 M08;	切削液开
N50 X0 Y0;	快速定位到工件零点位置
N60 M98 P0200 L3;	调用子程序（0200），并连续调用 3 次，完成 3 个方形轮廓的加工

N70	G90	G00	X0	Y60；

快速定位到加工另 3 个方形轮廓的起始点位置

N80　M98　P0200　L3；

调用子程序（0200），并连续调用 3 次，完成 3 个方形轮廓的加工

N90　G90　G00　Z100；　　　快速定位到工件零点位置

N100　X0　Y0；

N110　M09；　　　　　　　　切削液关

N120　M05；　　　　　　　　主轴停

N130　M30；　　　　　　　　程序结束

%0200；　　　　　　　　　　子程序，加工一个方形轮廓的轨迹路径

N10　G91　G00　Z – 95；　　相对坐标编程

N20　G41　X20　Y10　D1；　建立刀补

N30　G01　Z – 10　F100；　　铣削深度

N40　Y40；　　　　　　　　　直线插补

N50　X30；　　　　　　　　　直线插补

N60　Y – 30；　　　　　　　 直线插补

N70　X – 40；　　　　　　　 直线插补

N80　G00　Z110；　　　　　　快速退刀

N90　G40　X – 10　Y – 20；　取消刀补

N100　X50；　　　　　　　　 为铣削另一方形轮廓做好准备

N110　M99；　　　　　　　　 子程序结束

在使用子程序编程时，应注意主程序和子程序使用不同的编程方式。一般主程序中使用 G90 指令，而子程序使用 G91 指令，避免刀具在同一位置加工。

当子程序中使用 M99 指令指定顺序号时，子程序结束时并不返回到调用子程序程序段的下一程序段，而是返回到 M99 指令指定的顺序号的程序段，并执行该程序段，编程举例如图 4-9 所示。

子程序执行完以后，执行主程序顺序号为 18 的程序段。

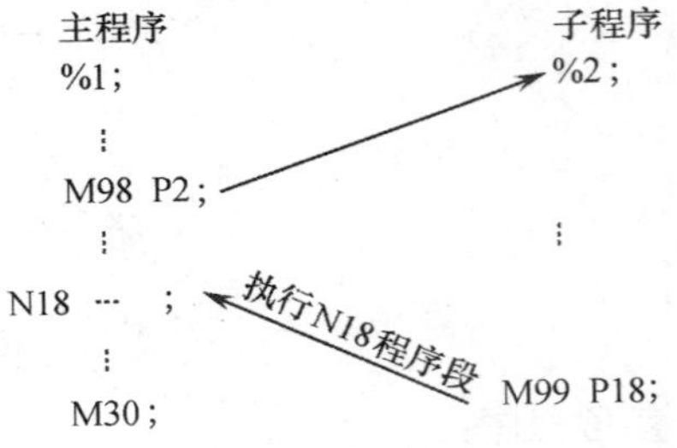

4. 镜像功能指令 G24、G25

格式：G24　X __　Y __　Z __；

M98　P __

G25　X __　Y __　Z __；

图 4-9　M99 顺序号的指定

说明：G24 为建立镜像；G25 为取消镜像；X、Y、Z 为镜像位置。

当工件相对于某一轴具有对称形状时，可以利用镜像功能和子程序，只对工件的一部分进行编程就能加工出工件的对称部分。

当某一轴的镜像有效时，该轴执行与编程方向相反的运动。

G24、G25 为模态指令，可相互注销，G25 为默认值。

例 4　使用镜像功能编制图 4-10 所示轮廓的加工程序，已知刀具起点为（0，0，100）处。

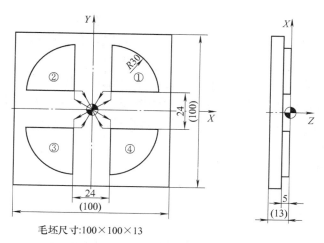

毛坯尺寸:100×100×13

图4-10 使用镜像功能加工的零件图

参考程序:

%0024;	主程序
N10　G90　G54　G17　G94　G97;	建立工件坐标系,加工前准备指令
N20　M03　S600;	主轴正转,600r/min
N30　G00　Z100;	快速定位到安全高度
N40　X0　Y0;	快速定位到工件零点位置
N50　M08;	切削液开
N60　Z5;	快速定位到安全高度
N70　M98　P0100;	加工①
N80　G24　X0;	Y轴镜像
N90　M98　P0100;	加工②
N100　G24　Y0;	X、Y轴镜像
N110　M98　P0100;	加工③
N120　G25　X0;	Y轴镜像取消,X轴镜像继续有效
N130　M98　P0100;	加工④
N140　G25　Y0;	X轴镜像取消
N150　G00　Z100;	快速返回
N160　M09;	切削液关
N170　M05;	主轴停
N180　M30;	程序结束
%0100;	子程序(①轮廓的加工程序)
G90　G01　Z−5　F100;	切削深度进给
G41　X12　Y10　D01;	建立刀补
Y42;	直线插补
G02　X42　Y12　R30;	圆弧插补
G01　X10;	直线插补

G40　X0　Y0；　　　　　　　　　　　　取消刀补

G00　Z5；　　　　　　　　　　　　　　快速返回到安全高度

M99；　　　　　　　　　　　　　　　　子程序结束

当使用镜像指令时，进给路线与上一加工轮廓进给路线相反，此时，圆弧指令的旋转方向反向，即 G02→G03 或 G03→G02；刀具半径补偿的偏置方向反向，即 G41→G42 或 G42→G41。所以，对连续形状一般不使用镜像功能，防止进给加工中有刀痕，使轮廓不光滑或加工轮廓间不一致现象。

5. 缩放功能 G50、G51

格式：G51　X ＿　　Y ＿　　Z ＿　　P ＿；

　　　　　⋮

　　　G50；

说明：G51 为建立缩放；G50 为取消缩放；X、Y、Z 为缩放中心的坐标值；P 为缩放倍数。

在 G51 后，运动指令的坐标值以（X，Y，Z）为缩放中心，按 P 规定的缩放比例进行计算，如图 4-11 所示。在有刀具补偿的情况下，先进行缩放，然后才进行刀具半径补偿、刀具长度补偿。

G51 既可指定平面缩放，也可指定空间缩放。

G51、G50 为模态指令，可相互注销，G50 为默认值。

例 5　编制图 4-12 所示轮廓的加工程序，已知刀具的起点位置为（0，0，100）。

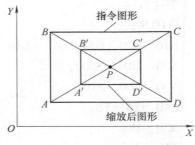

图 4-11　比例缩放

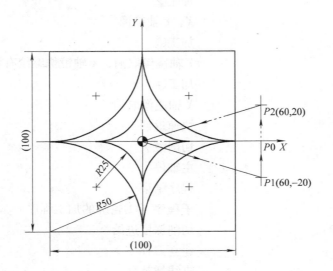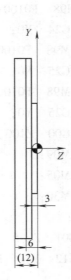

图 4-12　零件图

参考程序：

%0024；	主程序
N10　G90　G54　G17　G80　G94　G97；	建立工件坐标系，加工前准备指令
N20　M03　S600；	主轴正转，600r/min
N30　G00　Z100；	快速定位到安全高度
N40　X0　Y0；	快速定位到工件零点位置
N50　X60　Y−20；	快速定位到起刀点位置
N60　Z5；	快速定位到安全高度
N70　M08；	切削液开
N80　M98　P0100；	加工 $R50$mm 轮廓
N90　G51　X0　Y0　P0.5；	缩放中心为（0,0），缩放因子为0.5
N100　M98　P100；	加工 $R25$mm 轮廓
N110　G50；	缩放功能取消
N120　M09；	切削液关
N130　M05；	主轴停
N140　M30；	程序结束
%0100；	子程序（$R50$mm 轮廓加工轨迹）
N10　G90　G01　Z−5　F120；	切削进给
N20　G41　Y0　D01；	建立刀补
N30　X50；	直线插补
N40　G03　X0　Y−50　R50；	圆弧插补
N50　X−50　Y0　R50；	圆弧插补
N60　X0　Y50　R50；	圆弧插补
N70　X50　Y0　R50；	圆弧插补
N80　G01　X60；	直线插补
N90　G40　Y10；	取消刀补
N100　G00　Z5；	快速返回到安全高度
N110　X0　Y0；	返回到程序原点
N120　M99；	子程序结束

在单独程序段指定 G51 指令时，比例缩放后必须用 G50 指令取消。

比例缩放功能不能缩放偏置量。例如，刀具半径补偿量、刀具长度补偿量等。如图 4-13 所示，图形缩放后，刀具半径补偿量不变。

6. 旋转变换指令 G68、G69

格式：$\begin{Bmatrix} G17 \\ G18 \\ G19 \end{Bmatrix}$ G68 $\begin{Bmatrix} X\_\_\ Y\_\_ \\ X\_\_\ Z\_\_ \\ Y\_\_\ Z\_\_ \end{Bmatrix}$ P__；

G69；

说明：G68 为建立旋转；G69 为取消旋转；X、Y、

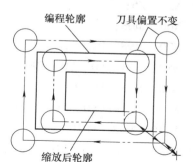

图 4-13　图形缩放与刀具偏置量的关系

Z 为旋转中心的坐标值；P 为旋转角度，单位为（°），取值范围 0°≤P≤360°；"＋"表示逆时针方向加工，"－"表示顺时针方向，可为绝对值，也可为增量值，当为增量值时，旋转角度在前一个角度上增加该值。

对程序指令进行坐标系旋转后，再进行刀具偏置（如刀具半径补偿、长度补偿等）计算；在有缩放功能的情况下，先缩放后旋转。

G68、G69 为模态指令，可相互注销，G69 为默认值。

例6 使用旋转功能编制图 4-14 所示轮廓的加工程序，设刀具起点为（0，0，100）。

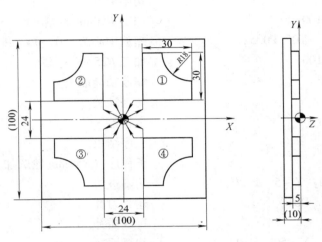

毛坯尺寸：100×100×10

图4-14 旋转实例

参考程序：

％0024；				主程序	
N10	G90	G54	G17	G94	G97； 建立工件坐标系，加工前准备指令
N20	M03	S600；			主轴正转，600r/min
N30	G00	Z100；			快速定位到安全高度
N40	X0	Y0；			快速定位到工件零点位置
N50	Z5；				快速定位到安全高度
N60	M08；				切削液开
N70	M98	P0100；			加工①轮廓
N80	G68	X0	Y0	P90；	旋转中心为（0，0），旋转角度为90°
N90	M98	P0100；			加工②轮廓
N100	G68	X0	Y0	P180；	旋转中心为（0，0），旋转角度为180°
N110	M98	P0100；			加工③轮廓
N120	G68	X0	Y0	P270；	旋转中心为（0，0），旋转角度为270°
N130	M98	P0100；			加工④轮廓

N140	G69；	旋转功能取消
N150	G00 Z100；	快速返回到初始位置
N160	M09；	切削液关
N170	M05；	主轴停
N180	M30；	程序结束

%0100；　　　　　　　　　　　子程序（①轮廓加工轨迹）

N10	G90 G01 Z－5 F120；	切削进给
N20	G41 X12 Y10 D01 F200；	建立刀补
N30	Y42；	直线插补
N40	X24；	直线插补
N50	G03 X42 Y24 R18；	圆弧插补
N60	G01 Y12；	直线插补
N70	X10；	直线插补
N80	G40 X0 Y0；	取消刀补
N90	G00 Z5；	快速返回到安全高度
N100	X0 Y0；	返回到程序原点
N110	M99；	子程序结束

4.2.1.2 FANUC 0i-MB 系统

1. 可编程镜像指令 G51.1、G50.1

（1）格式一

G17　G51.1　X＿　Y＿；

…

G50.1　X＿　Y＿；

说明：G51.1 为建立镜像；G50.1 为取消镜像；X、Y 为指定对称轴或对称点。

（2）格式二

G17　G51　X＿　Y＿　I＿　J＿；

…

G50；

说明：G51：建立镜像；G50：取消镜像；X、Y：镜像中心点坐标；I、J：镜像比例。若为负值，既进行镜像又进行缩放；若为正值，则只进行缩放。

在指定平面对某个轴镜像时，下列指令发生变化：

①圆弧指令 G02 和 G03 互换。

②刀具半径补偿 G41 和 G42 互换。

③坐标旋转 CW 和 CCW（旋转方向）互换。

例 7 图 4-10 所示零件参考程序编制如下：

O0024；		主程序
N10	G90 G54 G17 G94 G97；	加工前准备指令
N20	S600 M03；	主轴正转，600r/min
N30	G00 Z100；	快速定位到安全高度

N40	X0	Y0；			快速定位到工件零点位置
N50	M08；				切削液开
N60	Z5；				快速定位到安全高度
N70	M98	P0100；			加工①
N80	G51	X0	Y0	I－1000　J1000；	Y轴对称镜像
N90	M98	P0100；			加工②
N100	G51	X0	Y0	I－1000　J－1000；	X、Y轴镜像
N110	M98	P0100；			加工③
N120	G51	X0	Y0	I1000　J－1000；	X轴对称镜像
N130	M98	P0100；			加工④
N140	G50；				X轴镜像取消
N150	G00	Z100；			快速返回
N160	M09；				切削液关
N170	M05；				主轴停
N180	M30；				程序结束
O0100；					子程序（①轮廓的加工程序）
N10	G90	G01	Z－5	F100；	切削深度进给
N20	G41	X12	Y10	D01；	建立刀补
N30	Y42；				直线插补
N40	G02	X42	Y12	R30；	圆弧插补
N50	G01	X10；			直线插补
N60	G40	X0	Y0；		取消刀补
N70	G00	Z5；			快速返回到安全高度
N80	M99；				子程序结束

2. 坐标系旋转指令 G68、G69

格式：G17　G68　X＿　Y＿　R＿；

…

G69；

说明：G68 为建立旋转；G69 为取消旋转；X、Y 为坐标系旋转的中心；R 表示坐标系旋转的角度，逆时针方向为角度方向的正向。

例8　图 4-14 所示零件参考程序如下：

O0024；					主程序
N10	G90	G54	G17	G94　G97；	建立工件坐标系，加工前准备指令
N20	S600	M03；			主轴正转，600r/min
N30	G00	Z100；			快速定位到安全高度
N40	X0	Y0；			快速定位到工件零点位置
N50	Z5；				快速定位到安全高度
N60	M08；				切削液开
N70	M98	P0100；			加工①轮廓

N80	G68	X0 Y0 R90;		旋转中心为（0，0），旋转角度为90°

N80　G68　X0　Y0　R90；　　　旋转中心为（0，0），旋转角度为90°

N90　M98　P0100；　　　　　　加工②轮廓

N100　G68　X0　Y0　R180；　　旋转中心为（0，0），旋转角度为180°

N110　M98　P0100；　　　　　　加工③轮廓

N120　G68　X0　Y0　R270；　　旋转中心为（0，0），旋转角度为270°

N130　M98　P0100；　　　　　　加工④轮廓

N140　G69；　　　　　　　　　　旋转功能取消

N150　G00　Z100；　　　　　　　快速返回到初始位置

N160　M09；　　　　　　　　　　切削液关

N170　M05；　　　　　　　　　　主轴停

N180　M30；　　　　　　　　　　程序结束

O0100；　　　　　　　　　　　　子程序（①轮廓加工轨迹）

N10　G90　G01　Z－5　F120；　切削进给

N20　G41　X12　Y10　D01　F200；　建立刀补

N30　Y42；　　　　　　　　　　直线插补

N40　X24；　　　　　　　　　　直线插补

N50　G03　X42　Y24　R18；　　圆弧插补

N60　G01　Y12；　　　　　　　直线插补

N70　X10；　　　　　　　　　　直线插补

N80　G40　X0　Y0；　　　　　取消刀补

N90　G00　Z5；　　　　　　　　快速返回到安全高度

N100　X0　Y0；　　　　　　　返回到程序原点

N110　M99；　　　　　　　　　子程序结束

说明：

①CNC数据处理的顺序是"程序镜像"—"比例缩放"—"坐标系旋转"—"刀具半径补偿"。这些指令应按顺序指定，取消时按相反顺序。格式如下：

G51…

G68…

⋮

G41/G42…

⋮

G40…

G69…

G50…

②比例缩放过程中不缩放坐标系旋转角度。

3. 极坐标指令 G16、G15

格式：G17　G90（G91）G16；指定极坐标指令方式

G00　X ___　Y ___；

⋮

G15；

说明：G16 为建立极坐标系；G15 为取消极坐标系；X 为极坐标半径（通过所选平面的第一坐标轴地址来指定）；Y 为极坐标角度（通过所选平面的第二坐标轴地址来指定）；零方向为第一坐标轴的正方向，逆时针方向为角度方向的正向；对于极坐标原点，可以工件坐标系的零点作为极坐标系原点（G90 绝对值编程方式），也可以刀具当前的位置作为极坐标系原点（G91 绝对值编程方式）。

4. 参考点返回指令 G27、G28、G29

（1）G27

格式：G27　X __　Y __；

说明：G27 为返回参考点校验；X、Y 为中间点坐标。

当执行 G27 指令后，返回各轴参考点指示灯分别点亮。当使用刀具补偿功能时，指示灯是不亮的，所以在取消刀具补偿功能后，才能使用 G27 指令。当返回参考点校验功能程序段完成，需要使机械系统停止时，必须在下一个程序段后增加 M00 或 M01 等辅助功能或在单程序段情况下运行。

（2）G28

格式：G28　X __　Y __；

说明：G28 为自动返回参考点；X、Y 为中间点坐标。

指令执行后，所有的受控轴都将快速定位到中间点，然后再从中间点到参考点。G28 指令一般用于自动换刀，所以使用 G28 指令时，应取消刀具的补偿功能。

（3）G29

格式：G29　X __　Y __；

说明：G28 为自动返回参考点；X、Y 为目标点坐标。

G29 指令一般跟随在 G28 指令后使用，指令中的 X，Y 坐标值是执行完 G29 后刀具应达到的坐标点，其动作顺序是从参考点快速到达 G28 指令的中间点，再从中间点移动到 G29 指令的点定位，动作与 G00 动作相同。

4.2.2　数控铣床固定循环指令及应用

4.2.2.1　华中世纪星 HNC-21M 系统

数控加工中，某些加工动作循环已经典型化。例如，钻孔、镗孔的动作是孔位平面定位、快速引进、工作进给、快速退回等，这样一系列典型的加工动作已经预先编好程序，并存储在内存中，可用称为固定循环的一个 G 代码程序段调用，从而简化编程。

孔加工固定循环指令有 G73、G74、G76、G80 ~ G89，通常由下述 6 个动作构成（见图4-15）：

1）X、Y 轴定位。

2）定位到 R 点（定位方式取决于上次是 G00 还是 G01）。

3）孔加工。

4）在孔底的动作。

5）退回到 R 点（参考点）。

6）快速返回到初始点。

固定循环的数据表达形式可以用绝对坐标（G90）和相对坐标（G91）表示。

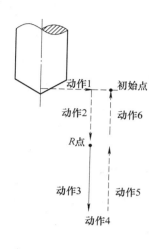

图 4-15　固定循环动作

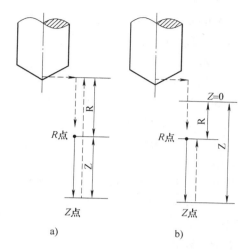

图 4-16　固定循环的数据形式
a）G98 方式下　b）G99 方式下

固定循环的程序格式包括数据形式、返回点平面、孔加工方式、孔位置数据、孔加工数据和循环次数。数据形式（G90 或 G91）在程序开始时就已指定，因此，在固定循环程序格式中可不注出。

固定循环的程序格式如下：

G98/G99　G __　X __　Y __　Z __　R __　Q __　P __　I __　J __　K __　F __　L __；

说明：G98 为返回初始平面（图 4-16a）；G99 为返回 R 点平面（图 4-16b）；G __ 为固定循环代码 G73、G74、G76 和 G81 ~ G89 之一；X、Y 为加工起点到孔位的距离（G91）或孔位坐标（G90）；R 为 R 点相对于初始点的增量值（G91）或 R 点的坐标（G90）；Z 为孔底相对于 R 点增量值（G91）或孔底坐标（G90）；Q 为每次进给深度（G73/G83）；P 为刀具在孔底的暂停时间；K 为每次退刀距离（G73/G83）；I、J 为刀具在轴反向位移增量（G76/G87）；F 为切削进给速度；L 为固定循环的次数。

G73、G74、G76 和 G81 ~ G89、Z、R、P、F、Q、I、J、K 是模态指令。G80、G01 ~ G03 等代码可以取消固定循环。

1. 高速深孔加工循环 G73

格式：G98/G99　G73　X __　Y __　Z __ R __ Q __
P __ I __ J __ K __ F __ L __；

说明：Q 为每次进给深度；K 为每次退刀距离。

G73 用于 Z 轴的间歇进给，使深孔加工时容易排屑，减少退刀量，可以进行高效率的加工。G73 指令动作循环如图 4-17 所示。

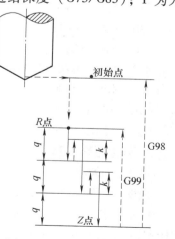

图 4-17　G73 指令动作循环

注意：Z、K、Q 移动量为零时，该指令不执行。

例9　使用 G73 指令编制图 4-17 所示深孔加工程序：设刀具起点距工件上表面 20mm，距孔底 80mm，在距工件上表面 2mm 处（R 点）由快进转换为工进，每次进给深度 10mm，每次退刀距离 5mm。

参考程序：

%0073；

N10　G54　G90　G17　G80　G94　G97　G40；

N20　M03　S600；

N30　G00　X0　Y0　Z100；

N40　Z20；

N50　G98　G73　X100　R40　P2　Q–10　K5　Z–60　F200；

N60　G00　X0　Y0　Z100；

N70　M05；

N80　M30；

2. 反攻螺纹循环 G74

格式：G98/G99　G74　X＿＿　Y＿＿　Z＿＿　R＿＿　P＿＿　F＿＿　L＿＿；

G74 反攻螺纹时主轴反转，到孔底时主轴正转，然后退回。G74 指令动作循环如图 4-18 所示。

注意：1）攻螺纹时速度倍率、进给保持均不起作用。

2）R 点应选在距工件表面 7mm 以上的地方。

3）如果 Z 向的移动量为零，该指令不执行。

例10　使用 G74 指令编制图 4-18 所示反攻螺纹加工程序：设刀具起点距工件上表面 20mm，距孔底 60mm，在距工件上表面 8mm 处（R 点）由快进转换为工进。

参考程序：

%0074；

N10　G54　G90　G17　G80　G94　G97　G40；

N20　M04　S500；

N30　G00　Z20；

N40　X0　Y0；

N50　G98　G74　X100　R8　P4　Z–40　F3；

N60　G00　Z200；

N70　M05；

N80　M30；

3. 精镗循环 G76

格式：G98/G99　G76　X＿＿　Y＿＿　Z＿＿　R＿＿　P＿＿　I＿＿　J＿＿　F＿＿　L＿＿；

说明：I 为 X 轴刀尖反向位移量；J 为 Y 轴刀尖反向位移量；

G76 精镗时，主轴在孔底定向停止后，向刀尖反方向移动，然后快速退刀。这种带有让刀的退刀不会划伤已加工平面，保证了镗孔精度。G76 指令动作循环如图 4-19 所示。

注意：如果 Z 向的移动量为零，该指令不执行。

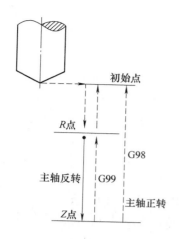

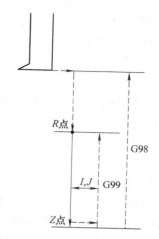

图 4-18　G74 指令动作循环　　　　　图 4-19　G76 指令动作循环

例 11　使用 G76 指令编制图 4-19 所示精镗加工程序：设刀具起点距工件上表面 20mm，距孔底 50mm，在距工件上表面 2mm 处（R 点）由快进转换为工进。

参考程序：

%0076；

N10　G54　G17　G90　G80　G94　G97　G40；

N20　M03　S600；

N30　M08；

N40　G00　Z100；

N50　X0　Y0；

N60　Z20；

N70　G99　G76　X100　R2　P2　I-6　Z-30　F200；

N80　G00　Z100；

N90　M05；

N100　M30；

4. 钻孔循环 G81（中心钻）

格式：G98/G99　G81　X __　Y __　Z __　R __　F __　L __；

G81 为钻孔动作循环，包括 X、Y 坐标定位、快进、工进和快速返回等动作。G81 指令动作循环如图 4-20 所示。

注意：如果 Z 向的移动量为零，该指令不执行。

例 12　使用 G81 指令编制图 4-20 所示的钻孔加工程序；设刀具起点距工件上表面 20mm，距孔底 50mm，在距工件上表面 2mm 处（R 点）由快进转换为工进。

参考程序：

%0081；

N10　G54　G17　G90　G80　G94　G97　G40；

N20　M03　S600；

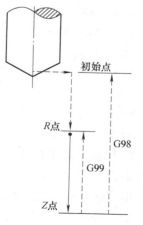

图 4-20　G81 指令动作循环

4

PROJECT

N30　M08；

N40　G00　Z100；

N50　X0　Y0；

N60　Z20；

N70　G99　G81　X100　R2　Z－30　F200；

N80　G00　Z100；

N90　M05；

N100　M30；

5. 带停顿的钻孔循环 G82

格式：G98/G99　G82　X＿　Y＿　Z＿　R＿　P＿　F＿　L＿；

G82 指令除了要在孔底暂停外，其他动作与 G81 相同，暂停时间由地址 P 给出。G82 指令主要用于加工不通孔，以提高孔深精度。

注意：如果 Z 向的移动量为零，该指令不执行。

6. 深孔加工循环 G83

格式：G98/G99　G83　X＿　Y＿　Z＿　R＿　Q＿　P＿　K＿　F＿　L＿；

说明：Q 为每次进给深度；K 为每次退刀后再次进给时，由快速进给转换为切削进给时距上次加工面的距离。

G83 指令动作循环如图 4-21 所示。

注意：Z、K、Q 移动量为零时，该指令不执行。

例 13　使用 G83 指令编制图 4-21 所示的深孔加工程序，设刀具起点距工件上表面 20mm，距孔底 80mm，在距工件上表面 2mm 处（R 点）由快进转换为工进。每次进给深度为 10mm，每次退刀后，再由快速进给转换为切削进给时距上次加工面的距离为 5mm。

参考程序：

%0083；

N10　G54　G17　G90　G80　G94　G97　G40；

N20　M03　S600；

N30　M08；

N40　G00　Z100；

N50　X0　Y0；

N60　Z20；

N70　G98　G83　X100　R2　P2　Q－10　K5　Z－60　F200；

N80　G00　Z100；

N90　M05；

N100　M30；

7. 攻螺纹循环 G84

格式：G98/G99　G84　X＿　Y＿　Z＿　R＿　P＿　F＿　L＿；

用 G84 指令攻螺纹时，从 R 点到 Z 点主轴正转，在孔底暂停后，主轴反转，然后退回。

G84 指令动作循环如图 4-22 所示。

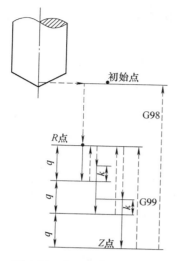

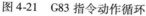

图 4-21　G83 指令动作循环

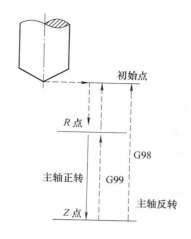

图 4-22　G84 指令动作循环

注意：1）攻螺纹时速度倍率、进给保持均不起作用。

2）R 点应选在距工件表面 7mm 以上的地方。

3）如果 Z 向的移动量为零，该指令不执行。

例 14　使用 G84 指令编制图 4-22 所示的攻螺纹加工程序。设刀具起点距工件上表面 20mm，距孔底 60mm，在距工件上表面 8mm 处（R 点）由快进转换为工进。

参考程序：

```
%0084；
N10   G54   G17   G90   G80   G94   G97   G40；
N20   M03   S600；
N30   M08；
N40   G00   Z100；
N50   X0   Y0；
N60   Z20；
N70   G98   G84   X100   R10   P10   Z-20   F3；
N80   G00   Z100；
N90   M05；
N100   M30；
```

8. 镗孔循环 G85

G85 指令与 G84 指令相同，但在孔底时主轴不反转。

9. 镗孔循环 G86

G86 指令与 G81 指令相同，但在孔底时主轴停止，然后快速退回。

注意：1）如果 Z 向的移动位置为零，该指令不执行。

2）调用此指令之后，主轴将保持正转。

10. 反镗循环 G87

格式：G98/G99　G87　X___　Y___　Z___　R___　P___　I___　J___　F___　L___；

说明：I 为 X 轴刀尖反向位移量；J 为 Y 轴刀尖反向位移量。

G87 指令动作循环如图 4-23 所示，描述如下：

1）在 X、Y 轴定位。

2）主轴定向停止。

3）在 X、Y 方向分别向刀尖的反方向移动 I、J 值。

4）定位到 R 点（孔底）。

5）在 X、Y 方向分别向刀尖方向移动 I、J 值。

6）主轴正转。

7）在 Z 轴正方向上加工至 Z 点。

8）主轴定向停止。

9）在 X、Y 方向分别向刀尖反方向移动 I、J 值。

10）返回到初始点（只能用 G98）。

11）在 X、Y 方向分别向刀尖方向移动 I、J 值。

12）主轴正转。

注意：如果 Z 向的移动量为零，该指令不执行。

11. 镗孔循环 G88

格式：G98/G99　G87　X ___ Y ___ Z ___ R ___ P ___ F ___ L___;

G88 指令动作循环如图 4-24 所示，描述如下：

1）在 X、Y 轴定位。

2）定位到 R 点。

3）在 Z 轴方向上加工至 Z 点（孔底）。

4）暂停后主轴停止。

5）转换为手动状态，手动将刀具从孔中退出。

6）返回到初始平面。

7）主轴正转。

注意：如果 Z 向的移动量为零，该指令不执行。

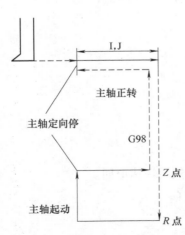

图 4-23　G87 指令动作循环

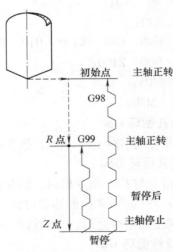

图 4-24　G88 指令动作循环

12. 镗孔循环 G89

G89 指令与 G86 指令相同，但在孔底有暂停。

注意：如果 Z 向的移动量为零，G89 指令不执行。

13. 取消固定循环 G80

执行 G80 指令能取消固定循环，同时 R 点和 Z 点也被取消。

使用固定循环时应注意以下几点：

1）在固定循环指令前应使用 M03 或 M04 指令使主轴回转。

2）在固定循环程序段中，X、Y、Z、R 数据应至少指令一个才能进行孔加工。

3）在使用控制主轴回转的固定循环（G74、G84、G86）中，如果连续加工一些孔间距比较小，或者初始平面到 R 点平面的距离比较短的孔时，会出现在进入孔的切削动作前时主轴还没有达到正常转速的情况，遇到这种情况时，应在各孔的加工动作之间插入 G04 指令，以获得时间使主轴达到正常转速。

4）当用 G00 ~ G03 指令注销固定循环时，若 G00 ~ G03 指令和固定循环出现在同一程序段，按后出现的指令运行。

5）在固定循环程序段中，如果指定了 M，则在最初定位时送出 M 信号，等待 M 信号完成，才能进行孔加工循环。

4.2.2.2 FANUC 0i-MB 系统

FANUC 0i-MB 系统中，固定循环功能见表 4-1。

格式：G90 /G91 G98/G99 G73 ~ G89 X__ Y__ Z__ R__ Q__ P__ F__ K__；

说明：G90 /G91 为绝对坐标编程或增量坐标编程；G98 为返回起始点；G99 为返回 R 平面。G73 ~ G89 为孔加工方式，如钻孔加工、高速深孔钻加工、镗孔加工等；X、Y 为孔的位置坐标；Z 为孔底坐标，增量方式时为 R 点到孔底 Z 点的距离；R 为安全面（R 面）的坐标，增量方式时为起始点到 R 面的增量距离；在绝对方式时为 R 面的绝对坐标；Q 为每次切削深度；P 为孔底的暂停时间；F 为切削进给速度；K 为重复加工次数。

表 4-1 固定循环功能一览

G 指令	钻削（-Z 方向）	孔底的动作	回退（+Z 方向）	用途
G73	间歇进给		快速移动	高速深孔往复排屑钻循环
G74	切削进给	主轴：停转→正转	切削进给	反转攻左旋螺纹循环
G76	切削进给	主轴定向停止→刀具移位	快速移动	精镗孔循环
G80				取消固定循环
G81	切削进给		快速移动	点钻、钻孔循环
G82	切削进给	进给暂停数秒	快速移动	锪孔、镗阶梯孔循环
G83	间歇进给		快速移动	深孔往复排屑钻循环
G84	切削进给	主轴：停转→反转	切削进给	正转攻右旋螺纹循环
G85	切削进给		切削进给	精镗孔循环
G86	切削进给	主轴停止	快速移动	镗孔循环

4 PROJECT

（续）

G 指令	钻削（ $-Z$ 方向）	孔底的动作	回退（ $+Z$ 方向）	用途
G87	切削进给	主轴正转	快速移动	反镗孔循环
G88	切削进给	进给暂停→主轴停转	手动移动	镗孔循环
G89	切削进给	进给暂停数秒	切削进给	精镗阶梯孔循环

4.2.3 加工中心的程序编制

加工中心（Machining Center，MC），是由机械设备与数控系统组成的适用于加工复杂零件的高效率自动化机床。加工程序的编制是决定其加工质量的重要因素。

加工中心所配置的数控系统各有不同，各种数控系统中程序编制的内容和格式也不尽相同，但是程序编制方法和使用过程是基本相同的。下面以 FANUC 0i 数控系统为例简单介绍加工中心手工编程。

4.2.3.1 加工中心特点

1. 加工中心的加工特点

加工中心是带有刀库和自动换刀装置的数控机床，具有数控镗、铣、钻床的综合功能。

加工中心具有良好的加工一致性和经济效益，与其他数控机床相比，具有以下特点：

1）加工工件复杂，工艺流程很长时，能排除工艺流程中的人为干扰因素，具有较高的生产率和质量稳定性。

2）由于工序集中和具有自动换刀装置，工件在一次装夹后能完成有精度要求的铣、钻、镗、扩、铰、攻螺纹等复合加工。

3）在具有自动交换工作台时，一个工件在加工时，另一个工作台可以实现工件的装夹，从而大大缩短辅助时间，提高加工效率。

4）刀具容量越大，加工范围越广，加工的柔性化程序越高。

2. 加工中心的程序编制特点

一般使用加工中心加工的工件形状复杂，工序多，使用的刀具种类也多，往往一次装夹后要完成从粗加工、半精加工到精加工的全部过程，因此程序比较复杂。在编程时要考虑下述问题：

1）仔细地对图样进行分析，确定合理的工艺路线。

2）刀具的尺寸规格要选好，并将测出的实际尺寸填入刀具卡。

3）确定合理的切削用量，主要是主轴转速、背吃刀量、进给速度等。

4）应留有足够的自动换刀空间，以避免与工件或夹具碰撞。换刀位置建议设置在机床原点。

5）为便于检查和调试程序，可将各工步的加工内容安排到不同的子程序中，而主程序主要完成换刀和子程序的调用，这样程序简单而且清晰。

6）对编好的程序要进行校验和试运行，注意刀具、夹具或工件之间是否有干涉。在检查 M、S、T 功能时，可以在 Z 轴锁定状态下进行。

3. 加工中心的主要加工对象

加工中心主要适用于加工形状复杂、工序多、精度要求高的工件。

（1）箱体类零件　这类零件一般都要求进行多工位孔系及平面的加工，定位精度要求高，在加工中心上加工时，一次装夹可完成普通机床60%～95%的工序内容。

（2）复杂曲面类零件　复杂曲面一般可以用球头铣刀进行三坐标联动加工，加工精度较高，但效率低。如果零件存在加工干涉区或加工盲区，就必须考虑采用四坐标或五坐标联动的机床，如飞机、汽车外形，叶轮、螺旋桨、各种成形模具等。

（3）异形件　异形件是外形不规则的零件，大多需要点、线、面多工位混合加工。加工异形件时，形状越复杂，精度要求越高，使用加工中心越能显示其优越性，如手机外壳等。

（4）盘、套、板类零件　这类零件包括：带有键槽和径向孔，端面分布有孔系、曲面的盘套或轴类零件，如带法兰的轴套、带有键槽或方头的轴类零件等；具有较多孔加工的板类零件，如各种电机盖等。

（5）特殊加工　在加工中心上还可以进行特殊加工，如在主轴上安装调频电火花电源，可对金属表面进行表面淬火。

4. 加工中心的换刀形式

自动换刀数控机床多采用刀库式自动换刀装置。带刀库的自动换刀系统由刀库和刀具交换机构组成，它是多工序数控机床上应用最广泛的换刀形式。换刀过程较为复杂，首先把加工过程中需要使用的全部刀具分别安装在标准的刀柄上，在机外进行尺寸预调整之后，按一定的方式放入刀库，换刀时先在刀库中进行选刀，并由刀具交换装置从刀库和主轴上取出刀具。在进行刀具交换之后，将新刀具装入主轴，把旧刀具放回刀库。存放刀具的刀库具有较大的容量，它既可安装在主轴箱的侧面或上方，也可作为单独部件安装到机床以外。

（1）刀库的种类　刀库用于存放刀具，它是自动换刀装置的主要部件之一。根据刀库存放刀具的数目和取刀方式，刀库可设计成不同类型。图4-25所示为常见的几种刀库。

1）直线刀库。如图4-25a所示，刀具在刀库中直线排列，结构简单，存放刀具数量有限（一般为8～12把），较少使用。

2）圆盘刀库。如图4-25b～g所示，存刀量少则6～8把，多则50～60把，有多种形式。

图4-25b所示刀库中刀具径向布置，占有较大空间，一般置于机床立柱上端。

图4-25c所示刀库中刀具轴向布置，常置于主轴侧面，刀库可沿轴线竖直放置，也可以水平放置，较多使用。

图4-25d所示刀库中刀具为伞状布置，多斜放于立柱上端。

为进一步扩充存刀量，有的机床使用多圈分布刀具的圆盘刀库（见图4-25e）、多层圆盘刀库（见图4-25f）和多排圆盘刀库（见图4-25g）。多排圆盘刀库每排4把刀，可整排更换。这三种刀库形式目前使用较少。

3）链式刀库。链式刀库是较常使用的形式（见图4-25h、i），常用的有单排链式刀库（见图4-25h）和加长链条的链式刀库（见图4-25i）。

4）其他刀库。格子箱式刀库如图4-25j、k所示，刀库容量较大。其中图4-25j所示为单面式，图4-25k所示为多面式。

（2）换刀方式　数控机床的自动换刀装置中，实现刀库与机床主轴之间传递和装卸刀具的装置称为刀具交换装置。

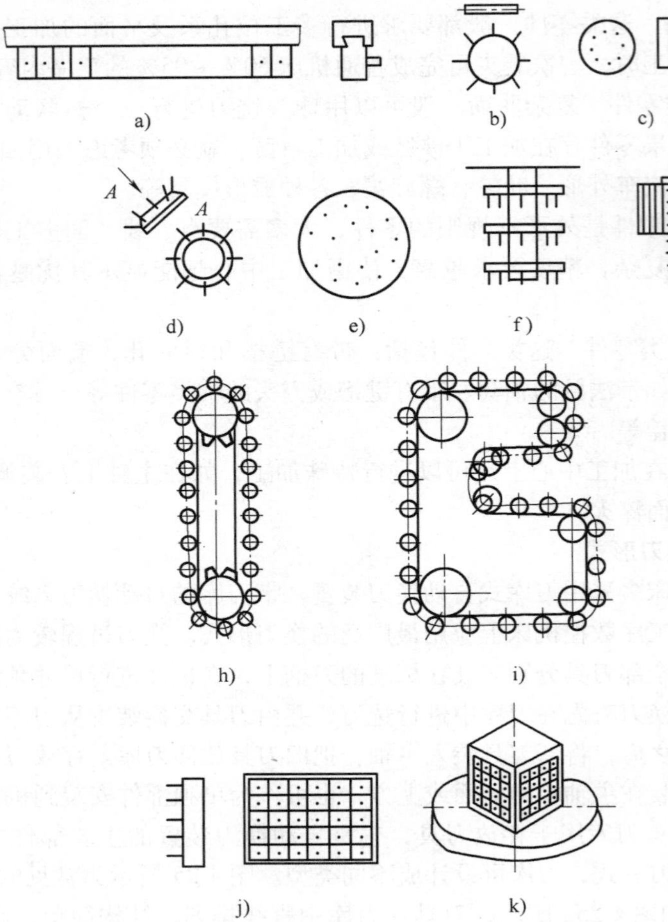

图 4-25 刀库的各种形式

1）无机械手换刀。必须首先将用过的刀具送回刀库，然后再从刀库中取出新刀具，这两个动作不可能同时进行，因此换刀时间长。

2）机械手换刀。采用机械手进行刀具交换的方式应用得最为广泛，这是因为机械手换刀有很大的灵活性，而且可以减少换刀时间。

4.2.3.2　加工中心换刀程序

1. 加工中心主轴的准停

主轴准停也叫主轴定向。在加工中心等数控机床上，由于有机械手自动换刀，要求刀柄上的键槽对准主轴的端面键，因此主轴每次必须停在一个固定准确的位置上，以利于机械手换刀。

主轴准停装置有机械式和电气式两种。

图 4-26 所示为电气式主轴准停装置的工作原理。

2. 换刀程序

除换刀程序外，加工中心的编程方法和普通数控铣床相同。

不同的加工中心，其换刀过程是不完全一样的，通常选刀和换刀可分开进行。换刀完毕起动主轴后，方可进行后面程序段的加工内容。选刀动作可与机床的加工同时进行，即利用切削时间进行选刀。多数加工中心上都规定了固定的换刀点位置，各运动部件只有移动到这个位置，才能开始换刀动作。换刀程序设计可采用两种方法。

方法一：N10　G28　Z0　T02；

N20　M06；

方法二：N100　G01　Z30　T02　F100；

…

N200　G28　Z0　M06；

N210　G01　Z30　T05；

…

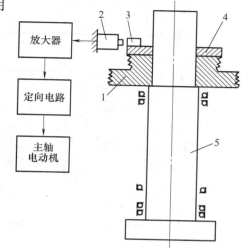

图 4-26　电气式主轴准停装置的工作原理
1—多楔带轮　2—磁传感器　3—永久磁铁
4—端面键　5—主轴

N200 程序段换上 N100 程序段选出的 T02 号刀具；在换刀后，紧接着选出下次要用的 T05 号刀具。N100 程序段和 N210 程序段执行选刀时，不占用机动时间，所以这种方法较好。

XH714 型加工中心上配有盘形刀库，通过主轴与刀库的相互运动，实现换刀。换刀过程用一个子程序描述，程序号通常为 O9000。换刀子程序如下：

O9000；

| N10　G90； | 选择绝对编程方式 |

N20　G53　Z – 124.8；　　主轴 Z 向移动到换刀点位置（即与刀库在 Z 方向上相对应）

N30　M06；　　　　　　　刀库旋转至其上空刀位对准主轴，主轴准停

N40　M28；　　　　　　　刀库前移，使空刀位上刀夹夹住主轴上刀柄

N50　M11；　　　　　　　主轴放松刀柄

N60　G53　Z – 9.3；　　　主轴 Z 向向上，回设定的安全位置（主轴与刀柄分离）

N70　M32；　　　　　　　刀库旋转，选择将要换上的刀具

N80　G53　Z – 124.8；　　主轴 Z 向向下至换刀点位置（刀柄插入主轴孔）

N90　M10；　　　　　　　主轴夹紧刀柄

N100　M29；　　　　　　刀库向后退回

N110　M99；　　　　　　换刀子程序结束，返回主程序

需要注意的是，为了使换刀子程序不被随意更改，以保证换刀安全，设备管理人员可将该程序隐含。当加工程序中需要换刀时，调用 O9000 号子程序即可。调用程序段如下：

N __ 　T __ 　M98　P9000；

其中，N 后为程序顺序号；T 后为刀具号，一般取 2 位；M98 为调用子程序；P9000 为子程序号。

4.2.3.3　加工中心编程举例

加工图 4-27 所示零件上的 12 个孔，工件材料为 45 钢。

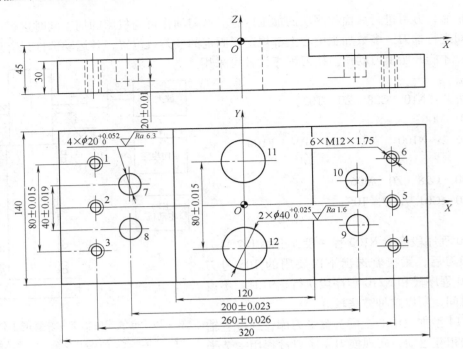

图4-27　零件图

1. 分析零件图样，进行工艺处理

图4-27所示零件上有通孔、不通孔、螺纹孔，需进行钻中心孔、钻、铣、扩、镗和攻螺纹加工，故选择中心钻T01、麻花钻T02、键槽铣刀T03、镗刀T04和机用丝锥T05，加工坐标系Z向原点在零件上表面处。由于对孔距要求比较高，所以先钻中心孔；有三种孔径尺寸的加工，按照先小孔后大孔加工的原则，从编程原点开始，先加工6个$\phi6$mm的孔，再加工4个$\phi20$mm的孔，然后加工2个$\phi40$mm的孔；最后对6个小孔进行攻螺纹操作。T01的主轴转速$n = 2000$r/min，进给速度$v_f = 200$mm/min；T02的主轴转速$n = 1200$r/min，进给速度$v_f = 100$mm/min；T03的主轴转速$n = 800$r/min，进给速度$v_f = 100$mm/min；T04的主轴转速$n = 3000$r/min，进给速度$v_f = 100$mm/min；T05的主轴转速$n = 200$r/min，进给速度$v_f = 350$mm/min。刀具如图4-28所示。

2. 编写零件加工程序

主程序：

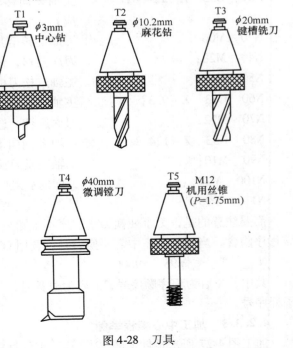

图4-28　刀具

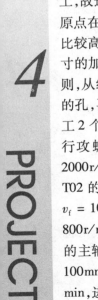

O3020	主程序名
N10　G90　G80　G40　G21　G17　G94;	程序初始化
N20　M06　T01;	换上 ϕ3mm 的中心钻
N30　G54　G90　G00　G43　Z200 H01　M03　S2000;	确定工件坐标系引入刀具长度补偿,主轴转速为 2000r/min
N40　X－130　Y40;	刀具定位(准备对孔 1、2、3 钻中心孔)
N50　Z20　M08;	刀具快速下降到 Z20,开切削液
N60　G91　G99　G81　Y－40　Z－5 R－33　K2　F200;	增量对孔 1、2、3 钻中心孔
N70　G90　G00　Z20;	绝对指令,用 G00 取消固定循环,刀具抬到 Z20
N80　X－100　Y20;	刀具定位(准备对孔 7、8 钻中心孔)
N90　G91　G98　G81　Y－40　Z－5 R－33　K2　F200;	增量对孔 7、8 钻中心孔,用 G98 返回到 Z20
N100　G90　G00　X0　Y80;	刀具定位(准备对孔 11、12 钻中心孔)
N110　G91　G99　G81　Y－80　Z－5 R－18　K2　F200;	增量对孔 11、12 钻中心孔
N120　G90　G00　Z20;	绝对指令,用 G00 取消固定循环,刀具抬到 Z20
N130　X100　Y20;	刀具定位(准备对孔 10、9 钻中心孔)
N140　G91　G98　G81　Y－40　Z－5 R－33　K2　F200;	增量对孔 10、9 钻中心孔,用 G98 返回到 Z20
N150　G90　G00　X130　Y40;	刀具定位(准备对孔 6、5、4 钻中心孔)
N160　G91　G99　G81　Y－40　Z－5 R－33　K3　F200;	增量对孔 6、5、4 进行钻中心孔
N170　G90　G00　G49　Z0　M09;	绝对指令,用 G00 取消固定循环,返回到机床原点,关切削液
N180　M6　T02;	换上 ϕ10.2mm 的麻花钻
N190　G00　G43　Z200　H02　M03　S1200;	引入刀具长度补偿,主轴转速为 1200r/min
N200　X－130　Y40;	刀具定位(准备对孔 1、2、3 进行钻孔)
N210　Z20　M08;	刀具快速下降到 Z20,开切削液
N220　G91　G99　G83　Y－40　Z－37 R－33　Q5　K3　F100;	用 G83 增量对孔 1、2、3 进行钻孔
N230　G90　G00　Z20;	绝对指令,用 G00 取消固定循环,刀具抬到 Z20
N240　X－100　Y20;	刀具定位(准备对孔 7、8 进行钻孔)
N250　G91　G98　G81　Y－40　Z－21.5 R－33　K2　F100;	增量对孔 7、8 进行钻孔,用 G98 返回到 Z20

4

PROJECT

N260	G90	G00	X0	Y40；		

刀具定位（准备对孔 11、12 进行钻孔）

N270　G91　G99　G73　Y－40　Z－52
　　　R－18　Q5　K2　F100；

用 G73 指令对孔 11、12 进行钻孔

N280　G90　G00　X0　Y80；

绝对指令，用 G00 取消固定循环，刀具抬到 Z20

N290　X100　Y20；

刀具定位（准备对孔 10、9 进行钻孔）

N300　G91　G98　G81　Y－40　Z－21.5
　　　R－33　K2　F100；

增量对孔 10、9 进行钻孔，用 G98 返回到 Z20

N310　G90　G00　X130　Y80；

刀具定位（准备对孔 6、5、4 进行钻孔）

N320　G91　G99　G83　Y－40　Z－37
　　　R－33　Q5　K3　F100；

增量对孔 6、5、4 进行钻孔

N330　G90　G00　G49　Z0　M09；

绝对指令，用 G00 取消固定循环，返回到机床原点，关切削液

N340　M06　T03；

换上 φ20mm 的键槽铣刀

N350　G00　G43　Z200　H3　M03　S800；

引入刀具长度补偿，主轴转速为 800r/min

N360　X－100　Y60；

刀具定位（准备对孔 7、8 进行沉孔加工）

N370　Z20　M08；

刀具快速下降到 Z20，开切削液

N380　G91　G98　G89　Y－40　Z－22
　　　R－33　P1000　K2　F100；

用 G89 增量对孔 7、8 进行沉孔加工，用 G98 返回到 Z20

N390　G90　G00　X100　Y60；

刀具定位（准备对孔 10、9 进行沉孔加工）

N400　G91　G98　G89　Y－40　Z－22
　　　R－33　P1000　K2　F100；

用 G89 增量对孔 10、9 进行沉孔加工，用 G98 返回到 Z20

N410　G90　G00　X0　Y40；

刀具定位（准备对 11 进行扩孔加工）

N420　Z2；

刀具快速下降到 Z2

N430　G10　L12　P3　R0.2；

对刀具半径指定 10.2mm，留 0.2mm 单边的镗孔余量

N440　M98　P83120；

调用 O3120 子程序 8 次，对孔 11 进行扩孔加工

N450　G90　G00　Z2；

刀具抬刀到 Z2

N460　X0　Y－40；

刀具定位（准备对孔 12 进行扩孔加工）

N470　M98　P83120；

调用 O3120 子程序 8 次，对 12 进行扩孔加工

N480　G90　G00　G49　Z0　M09；

绝对指令，返回到机床原点，关切削液

N490　M06　T04；

换上 φ40mm 的镗刀

N500　G00　G43　Z200　H4

引入刀具长度补偿，主轴转速为

M03　S3000；	3000r/min
N510　X0　Y80；	刀具定位（准备对孔 11、12 进行镗孔加工）
N520　Z20　M08；	刀具快速下降到 Z20，开切削液
N530　G91　G98　G87　Y－40　Z47 　　　　R－66　Q1　P1000　K2　F100；	用 G87 增量对孔 11、12 进行镗孔加工，用 G98 返回到 Z20
N540　G90　G00　G49　Z0　M09；	绝对指令，返回到机床原点，关切削液
N550　M06　T05；	换上 M12 机用丝锥
N560　G00　G43　Z200　H05　M03　S200；	引入刀具长度补偿，主轴转速为 200r/min
N570　X－130　Y40；	刀具定位（准备对孔 1、2、3 进行攻螺纹）
N580　Z20　M08；	刀具快速下降 Z20，开切削液
N590　G91　G98　G84　Y－40　Z－37 　　　　R－33　K3　F350；	用 G84 增量对孔 1、2、3 进行攻螺纹，用 G98 返回到 Z20
N600　G90　G00　X130　Y80；	绝对指令，用 G00 取消固定循环，刀具定位（准备孔 6、5、4 进行攻螺纹）
N610　G91　G98　G84　Y－40　Z－37 　　　　R－33　K3　F350；	增量对孔 6、5、4、进行攻螺纹，用 G98 返回到 Z20
N620　G90　G00　Z0　M09；	绝对指令，返回到机床原点，关切削液
N630　M30；	程序结束
％；	程序结束符
子程序	
O3120；	子程序名
N10　G91　G01　Z－6　F50；	增量在 $\phi40mm$ 的孔中间向下直线进给 6mm
N20　G41　D3　X8　Y－12；	刀具半径左补偿移动
N30　G03　X12　Y12　R12　F8；	走过渡圆弧
N40　I－20　F25；	逆时针走整圆
N50　X－12　Y12　F50；	走过渡圆弧
N60　G01　G40　X－8　Y－12；	取消刀具半径补偿移动
N70　M99；	子程序结束并返回
％；	程序结束符

4.2.4　自动编程简介

数控自动编程是利用计算机和相应的编程软件编制数控加工程序的过程。

随着现代加工业的发展，实际生产过程中比较复杂的二维零件、具有曲线轮廓和三维复杂零件越来越多，手工编程已满足不了实际生产的要求。如何在较短的时间内编制出高效、快速、合格的加工程序？在这种需求推动下，数控自动编程得到了很大的发展。

4

PROJECT

数控自动编程的初期是利用通用 PC 或专用的编程器，在专用编程软件（如 APT 系统）的支持下，以人机对话的方式来确定加工对象和加工条件，然后编程器自动进行运算和生成加工指令。这种自动编程方式，对于形状简单（轮廓由直线和圆弧组成）的零件，可以快速完成编程工作。目前在安装有高版本数控系统的机床上，这种自动编程方式已经完全集成在机床的内部。但是如果零件的轮廓是由曲线样条或是三维曲面组成的，这种自动编程是无法生成加工程序的，解决的办法是利用 CAD/CAM 软件来进行数控自动编程。CAD/CAM 集成系统可以提供单一、准确的产品几何模型，几何模型的产生和处理手段灵活、多样、方便，可以实现设计、制造一体化。采用 CAD/CAM 数控编程系统进行自动编程已经成为数控编程的主要方式。

应用比较广泛的 CAM 软件的基本情况见表 4-2。

表 4-2　常用 CAD/CAM 软件

软件名称	基本情况
Unigraphics（UG）	美国 EDS 公司出品的 CAD/CAM/CAE 一体化的大型软件，功能强大，在大型软件中，加工能力最强，支持 3～5 轴的加工，由于相关模块比较多，需要较多的时间来学习掌握
Creo	美国 PTC 公司出品的 CAD/CAM/CAE 一体化的大型软件，功能强大，支持 3～5 轴的加工，同样由于相关模块比较多，需要较多的时间来学习掌握
CATIA	IBM 下属的 Dassault 公司出品的 CAD/CAM/CAE 一体化的大型软件，功能强大，支持 3～5 轴的加工，支持高速加工，由于相关模块比较多，学习掌握的时间也较长
Cimatron	以色列的 CIMATRON 公司出品的 CAD/CAM 集成软件，相对于前面的大型软件来说，是一个中端的专业加工软件，支持三轴到五轴的加工，支持高速加工，在模具行业应用广泛
PowerMILL	英国的 Delcam Plc 出品的专业 CAM 软件，是目前唯一一个与 CAD 系统相分离的 CAM 软件，其功能强大，加工策略非常丰富，目前支持 3～5 轴的铣削加工，支持高速加工
Mastercam	美国 CNC Software inc. 开发的 CAD/CAM 系统，是最早在 PC 上开发应用的 CAD/CAM 软件，用户数量最多，许多学校都广泛使用此软件作为机械制造及 NC 程序编制的范例软件
CAXA	国内北航海尔软件有限公司出品的数控加工软件，其功能与前面介绍的软件相比较，在功能上稍差一些，但价格便宜

由于目前 CAM 系统在 CAD/CAM 中仍处于相对独立状态，因此无论表 4-2 中的哪一个 CAM 软件都需要在引入零件 CAD 模型中几何信息的基础上，由人工交互方式，添加加工的具体对象、约束条件、刀具与切削用量、工艺参数等信息，因而这些 CAM 软件的编程过程基本相同。

其操作步骤可归纳如下：

第一步，理解零件图样或其他的模型数据，确定加工内容。

第二步，确定加工工艺（装夹、刀具、毛坯情况等），根据工艺确定刀具原点位置（即用户坐标系）。

第三步，利用 CAD 功能建立加工模型或通过数据接口读入已有的 CAD 模型数据文件，并根据编程需要，进行适当的删减与增补。

第四步，选择合适的加工策略，CAM 软件根据前面提供的信息，自动生成刀具轨迹。

第五步，进行加工仿真或刀具路径模拟，以确认加工结果和刀具路径与我们设想的一致。

第六步，通过与加工机床相对应的后置处理文件，CAM 软件将刀具路径转换成加工代码。

第七步，将加工代码（G 代码）传输到加工机床上，完成零件加工。

由于零件的难易程度各不相同，上述的操作步骤将会依据零件实际情况，而有所删减和增补。

4.3　任务实施

4.3.1　槽类零件编程加工

加工图 4-29 所示的槽类零件，毛坯尺寸为 120mm × 120mm × 20mm，工件材料为铝。

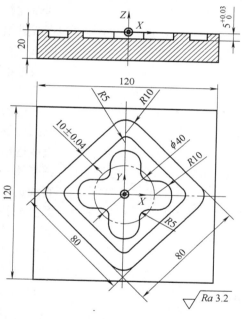

图 4-29　槽类零件

1. 工艺分析与制订

工艺分析与制订见任务 1 中 1.3.2。

2. 参考程序

根据图样特点，我们确定工件零点为坯料上表面的对称中心，并通过对刀设定零点偏置 G54 工件坐标系。

（1）十字形槽（粗加工）

加工程序	程序说明
O0001；	程序名
N10　G54　G17　G80　G40　G90　G69　G15；	初始状态

N20	G00	Z100	M03	S1500;		提刀到安全位置，起动主轴
N30	X0	Y－20;				快速接近工件
N40	Z2;					下刀接近工件表面
N50	G01	Z0	F1000;			折线下刀
N60	Y20	Z－1;				折线下刀
N70	Y－20	Z－2;				折线下刀
N80	Y20	Z－3;				折线下刀
N90	Y－20	Z－4;				折线下刀
N100	Y20	Z－5;				折线下刀
N110	G41	X10	D01;			建立刀具左补偿
N120	G03	X－10	R10;			圆弧插补
N130	G01	Y15;				直线进给
N140	G02	X－15	Y10	R5;		圆弧插补
N150	G01	X－20;				直线进给
N160	G03	Y－10	R10;			圆弧插补
N170	G01	X－15;				直线进给
N180	G02	X－10	Y－15	R5;		圆弧插补
N190	G01	Y－20;				直线进给
N200	G03	X10	R10;			圆弧插补
N210	G01	Y－15;				直线进给
N220	G02	X15	Y－10	R5;		圆弧插补
N230	G01	X20;				直线进给
N240	G03	Y10	R10;			圆弧插补
N250	G01	X15;				直线进给
N260	G02	X10	Y15	R5;		圆弧插补
N270	G01	Y20;				直线进给
N280	G03	X－10	R10;			圆弧插补
N290	G01	G40	X0;			取消刀具补偿
N300	G00	Z200;				提刀到安全位置
N310	M05;					主轴停止
N320	M30;					程序结束

（2）矩形槽（粗加工）

加工程序								程序说明
O00002;								程序名
N10	G54	G17	G80	G40	G90	G69	G15;	初始状态
N20	G68	X0	Y0	R45;				坐标系旋转45°
N30	G00	Z100	M30	S2000;				提刀到安全位置，起动主轴
N40	X－30	Y－35;						确定下刀位置
N50	Z2;							快速接近工件

N60	G01	Z0　F800;	下刀接近工件表面
N70	X30	Z-1;	折线下刀
N80	X-30	Z-2;	折线下刀
N90	X30	Z-3;	折线下刀
N100	X-30	Z-4;	折线下刀
N110	X0	Z-5;	折线下刀
N120	G41	X5　D02;	建立刀具左补偿
N130	G03	X0　Y-30　R5;	圆弧插补
N140	G01	X-25;	直线进给
N150	G02	X-30　Y25　R5;	圆弧插补
N160	G01	Y25;	直线进给
N170	G02	X-25　Y30　R5;	圆弧插补
N180	G01	X25;	直线进给
N190	G02	X30　Y25　R5;	圆弧插补
N200	G01	Y-25;	直线进给
N210	G02	X-25　Y-30　R5;	圆弧插补
N220	G01	X0;	直线进给
N230	G03	Y-40　R5;	圆弧插补
N240	G01	X30;	直线进给
N250	G03	X40　Y-30　R10;	圆弧插补
N260	G01	Y40;	直线进给
N270	G03	X30　Y40　R10;	圆弧插补
N280	G01	X-30;	直线进给
N290	G03	X-40　Y30　R10;	圆弧插补
N300	G01	Y-30;	直线进给
N310	G03	X-30　Y-40　R10;	圆弧插补
N320	G01	X0;	直线进给
N330	G03	X5　Y-35;	圆弧插补
N340	G01	G40　X0;	取消刀具补偿
N350	G00	Z200　G69;	提刀到安全位置
N360	M05;		主轴停止
N370	M30;		程序结束

说明：①十字形槽精加工可参考粗加工程序（O0001），使用时只需修改刀具切削参数以及刀具补偿值。

②矩形槽精加工可参考粗加工程序（O0002），使用时只需修改刀具切削参数以及刀具补偿值。

4.3.2　泵体零件编程加工

已知泵体零件如图4-30所示，工件材料为45钢

4

PROJECT

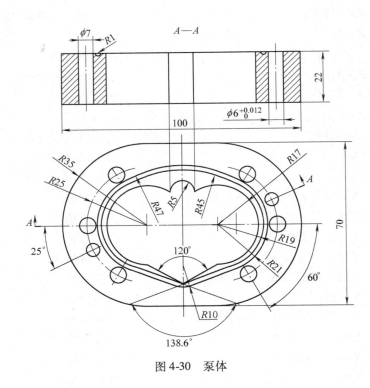

图 4-30　泵体

1. 零件图工艺分析

在加工中心进行工艺分析时，主要从精度、效率两个方面考虑。理论上的加工工艺必须达到图样的要求，又能充分合理地发挥机床功能。

（1）图样分析　图样分析主要包括零件轮廓形状、尺寸精度、技术要求和定位基准等。从零件图可以看出，零件轮廓形状与凸轮相似，尺寸精度要求较高的是两个定位孔，在加工过程中应重点保证。

（2）确定定位基准　在加工中心上加工工件时，工件的定位仍遵守六点定位原则。在选择定位基准时，要全面考虑各个工件的加工情况，保证工件定位准确，装卸方便，能迅速地完成工件的定位和夹紧，保证各项加工的精度，应尽量选择工件上的设计基准作为定位基准。根据以上原则和图样分析，首先以上面为定位基准加工底面，然后，以底面和外圆定位，一次装夹，将所有表面和轮廓全部加工完成，这样就可以保证图样要求的尺寸精度。

2. 工件的装夹

加工中心采用工序集中的原则加工零件，在一次装夹中可连续地对工件几个待加工表面自动完成铣、钻、扩、镗、攻螺纹等粗、精加工。对于批量生产和特殊的加工，应设计专用夹具；一般工件使用通用夹具装夹。用压板装夹工件时，夹紧点要尽量接近支承点，避免把夹紧力加在无支承的区域内；用机用平口钳装夹工件时，应首先找正机用平口钳的固定钳口，注意工件应安装在钳口中间部位，工件被加工部位要高出钳口，避免刀具与钳口发生干涉，夹紧工件时注意避免工件上浮。本任务加工的泵体外形较简单，采用机用平口钳装夹。

3. 确定编程原点、编程坐标系、对刀位置及对刀方法

根据工艺分析，工件坐标原点（X0，Y0）设在工件上表面的中心，Z0 点设在上表面。编程原点确定后，编程坐标、对刀位置与工件坐标原点重合，对刀方法可根据机床选择，此处选用手动对刀。

4. 确定加工所用各种工艺参数

切削条件的好坏直接影响加工的效率和经济性，这主要取决于编程人员的经验，工件的材料及性质，刀具的材料及形状，机床、刀具、工件的刚性，加工精度、表面质量要求，冷却系统等。泵体数控加工工序卡见表 4-3。

表 4-3　泵体数控加工工序卡

数控加工工序卡				零件名称		零件图号		材料	
01				泵体		P0001		45	
工艺序号	01	夹具名称	机用平口钳	夹具编号		使用设备		TH5660A	
工步号	加工内容	刀具号	刀具名称	刀具规格/mm	补偿号	补偿值/mm	主轴转速/(r/min)	进给速度/(mm/min)	进给倍率(%)	切削深度/mm	余量/mm
1	铣上面	T01	立铣刀	$\phi40$			450	50	100	1.5	0
2	铣外轮廓	T01	立铣刀	$\phi40$	D1	20	450	100	100	1.5	0
3	铣底面	T01	立铣刀	$\phi40$			450	50	100	1.5	0
4	钻中心孔	T02	中心钻	A3			900	80	100	2	0
5	钻孔	T03	麻花钻	$\phi7$			900	80	100	28	0
6	钻孔	T04	麻花钻	$\phi12$			450	50	100	28	0
7	粗铣内轮廓	T05	键槽铣刀	$\phi20$	D5	10	1000	180	100	23	0.5
8	精铣内轮廓	T06	键槽铣刀	$\phi8$	D6	4	2000	300	100	23	0
9	铣圆弧槽	T07	球头铣刀	$R1$			800	180	100	2	0
10	钻孔	T08	麻花钻	$\phi5.8$			500	80	100	25	0.2
11	铰孔	T09	铰刀	$\phi6$			400	40	100	25	0

5. 刀具的选择（见表 4-4）

表 4-4　刀　具　卡

编号	刀具名称	刀具规格/mm	数量	用途	刀具材料
1	立铣刀	$\phi40$	1	铣四周轮廓	硬质合金
2	中心钻	A2	1	中心孔	高速钢（HSS）
3	麻花钻	$\phi7$	1	钻孔	高速钢（HSS）
4	麻花钻	$\phi12$	1	钻下刀孔	高速钢（HSS）
5	键槽铣刀	$\phi20$	1	粗铣内轮廓	高速钢（HSS）
6	键槽铣刀	$\phi8$	1	精铣内轮廓	高速钢（HSS）
7	球头铣刀	$R1$	1	铣圆弧槽	高速钢（HSS）
8	麻花钻	$\phi5.8$	1	钻孔	高速钢（HSS）
9	铰刀	$\phi6$	1	铰孔	高速钢（HSS）

4 PROJECT

6. 现场编制参考程序

毛坯材料（102mm×75mm×25mm），编程原点为零件的上表面中心位置。

加工程序：

%7001；（铣上表面）

N10　G54　G17　G80　G90　G40　G49；

N20　G28　Z0　T01；

N30　M06；

N40　G00　X－30　Y－70；

N50　G43　G00　Z150　H01；

N60　M03　S450；

N70　G00　Z5；

N80　G01　Z0　F50；

N90　M98　P0002；

N100　G01　Z10；

N110　G00　Z150；

N120　M05；

N130　M30；

%7003；（铣底面）

N10　G54　G17　G80　G90　G40　G49；

N20　G00　X－30　Y－70；

N30　G43　G00　Z150　H01；

N40　M03　S450；

N50　G00　Z30；

N60　G01　Z23.5　F50；

N70　M98　P0004；

N80　G00　Z150；

N90　M05；

N100　M30；

%7005；（铣外轮廓）

N10　G54　G17　G80　G90　G40　G49；

N20　G00　X－80　Y－35；

N30　G43　G00　Z150　H01；

N40　M03　S450；

N50　G00　Z0；

N60　G01　Z－25　F100；

N70　G42　G01　X－20　F44　D01　F180；

N80　G01　X15；

N90　G03　X15　Y35　R35；

N100　G01　X－15；

N110　G03　X－15　Y－35　R35；

N120　G02　X10　Y－60　R25；

N130　G40　X－15　Y－85；

N140　G01　Z10　F300；

N150　G00　Z150；

N160　M05；

N170　M30；

%7006；（钻中心孔）

N10　G54　G17　G80　G90　G40　G49；

N20　G28　Z0　T02；

N30　M06；

N40　G00　X0　Y0；

N50　G43　G00　Z100　H02；

N60　M03　S900；

N70　G81　X0　Y0　Z－3.5　R5　F80；

N80　X27.5　Y21.65；

N90　X37.66　Y10.57；

N100　X40　Y0；

N110　X27.5　Y－21.65；

N120　X－27.5　Y－21.6；

N130　X－33　Y0；

N140　X－37.66　Y10.57；

N150　X－40　Y0；

N160　X－27.5　Y21.65；

N170　G80；

N180　G00　Z150；

N190　M05；

N200　M30；

%7007；（钻φ7mm孔）

N10　G54　G17　G80　G90　G40　G49；

N20　G28　Z0　T03；

N30　M06；

N40　G00　X0　Y0；

N50　G43　G00　Z100　H03；

N60　M03　S900；

N70　G83　X0　Y0　Z－28　R5　F80；

N80　X27.5　Y21.65；

N90　X40　Y0；

N100　X27.5　Y－21.65；

```
N110    X－27.5    Y－21.66；
N120    X－40    Y0；
N130    X－27.5    Y21.65；
N140    G80；
N150    G00    Z150；
N160    M05；
N170    M30；
%7008；（钻下刀孔）
N10    G54    G17    G80    G90    G40    G49；
N20    G28    Z0    T04；
N30    M06；
N40    G0    X0    Y0；
N50    G43    G00    Z100    H04；
N60    M03    S450；
N70    G83    X0    Y0    Z－28    Q4    R5    F50；
N80    G80；
N90    G00    Z150；
N100    M05；
N110    M30；
%7009；（粗铣内轮廓）
N10    G54    G17    G80    G90    G40    G49；
N20    G28    Z0    T05；
N30    M06；
N40    G00    X0    Y0；
N50    G43    G00    Z150    H05；
N60    M03    S1000；
N70    G00    Z5；
N80    G01    Z0；
N90    M98    P0010；
N100    G01    Z10；
N110    G00    Z150；
N120    M05；
N130    M30；
%7010；（精铣内轮廓）
N10    G54    G17    G80    G90    G40    G49；
N20    G28    Z0    T06；
N30    M06；
N40    G00    X0    Y0；
N50    G43    G00    Z150    H06；
```

N60   M03   S2000;

N70   G00   Z0;

N80   G01   Z-29   F300;

N90   G42   G01   X-26   Y-6   F150   D06;

N100   G02   X-32   Y0   R17;

N110   G02   X-5   Y13.75   R17;

N120   G02   X5   Y13.76   R5;

N130   G02   X15   Y-17   R17;

N140   G01   X0   Y-25.66;

N150   X-15   Y-17;

N160   G02   X-32   Y0   R17;

N170   G02   X-26   Y6   R6;

N180   G40   G01   X0   Y0;

N190   G01   Z10;

N200   G00   Z150;

N210   M05;

N220   M30;

%7011 （铣圆弧槽）

N10   G54   G17   G80   G90   G40   G49;

N20   G28   Z0   T07;

N30   M06;

N40   G00   X-33   Y0;

N50   G43   G00   Z150   H07;

N60   M03   S800;

N70   G00   Z5;

N80   G01   Z-2.5   F50;

N90   G03   X-24.85   Y-17.39   R20   F180;

N100   G01   X0   Y-26.78;

N110   G01   X24.85   Y-17.39;

N120   G03   X26.54   Y16.344   R20;

N130   G03   X-26.54   Y16.34   R46;

N140   G03   X-35   Y0   R20;

N150   G01   Z10;

N160   G00   Z150;

N170   M05;

N180   M30;

%7012 （钻 ϕ6mm 孔至 ϕ5.8mm）

N10   G54   G17   G80   G90   G40   G49;

N20   G28   Z0   T08;

```
N30    M06；
N40    G00    X0    Y0；
N50    G43    G00    Z100    H08；
N60    M03    S500；
N70    G98    G83    X37.66    Y10.57    Z-28    R5    F80；
N80    X-37.66    Y-10.57；
N90    G80；
N100    G00    Z150；
N110    M05；
N120    M30；
%7013（铰孔至φ6mm）
N10    G54    G17    G80    G90    G40    G49；
N20    G28    Z0    T09；
N30    M06；
N40    G00    X0    Y0；
N50    G43    G0    Z100    H09；
N60    M03    S400；
N70    G99    G81    X37.66    Y10.57    Z-28    R5    F40；
N80    X-37.66    Y-10.57；
N90    G80；
N100    G00    Z150；
N110    M05；
N120    M30；
子程序：
%0002；
N10    G91    G01    Z-0.5    F50；
N20    G90    G01    Y70    F180；
N30    X0；
N40    Y-70；
N50    X30；
N60    Y70；
N70    M99；
%0004；
N10    G91    G01    Z-0.5    F50；
N20    G90    G1    Y70    F180；
N30    X0；
N40    Y-70；
N50    X30；
N60    Y70；
```

```
N70    M99；
%0010；
N10    G91    G01    Z－9    F50；
N20    G90    G41    G01    X－21    Y11    D05    F200；
N30    G03    X－32    Y0    R11；
N40    G03    X－15    Y－17    R17；
N50    G01    X0    Y－25.66；
N60    X15    Y－17；
N70    G03    X5    Y13.75    R－35；
N80    G01    X－5；
N90    G03    X－32    Y0    R17；
N100    G03    X－21    Y－11    R11；
N110    G40    X0    Y0；
N120    M99；
```

4.4　任务评价与总结提高

4.4.1　任务评价

本任务的考核标准见表4-5，本任务在该课程考核成绩中的比例为25%。

表4-5　考　核　标　准

序号	工作过程	主要内容	建议考核方式	评分标准	配分
1	资讯(10分)	任务相关知识查找	教师评价50% 相互评价50%	通过资讯查找相关知识学习,按任务知识能力掌握情况评分	15
2	决策计划(10分)	确定方案、编写计划	教师评价80% 相互评价20%	应用编程指令,合理编写加工程序评分	20
3	实施(10分)	格式正确、应用合理、合理性高	教师评价20% 自己评价30% 相互评价50%	根据图样,正确编写程序	30
4	任务总结报告(60分)	记录实施过程、步骤	教师评价100%	根据零件图样程序编制的任务分析、实施、总结过程记录情况,提出新方法等情况评分	15
5	职业素养、团队合作(10分)	工作积极主动性,组织协调与合作	教师评价30% 自己评价20% 相互评价50%	根据工作积极主动性以及相互协作情况评分	20

4

PROJECT

4.4.2　任务总结

数控铣削编程除具有直线插补和圆弧插补功能外，还具有各种加工固定循环、刀具长度自动补偿、坐标系旋转、图形镜像加工、局部坐标系设定、子程序调用等功能。熟练地使用这些功能，能够减少编程量，提高编程技巧，优化进给路线，提高加工效率；对于相同几个图形，避免重复编写加工程序而出现编程错误。

学生通过该任务的练习，能够根据复杂零件图样的技术要求，制订加工工艺，合理选用切削用量，安排最佳的进给路线，按照编程的步骤及编程格式使用编程指令，合理地编写加工程序。

4.4.3　练习与提高

一、填空题

1. 如图 4-31 所示的零件，零件加工程序如下：铣周边轮廓（从右下角顺铣，每刀切削深度为 5mm）及钻孔（采用 G81 钻孔循环加工，孔深 5mm）。请回答：

（1）选用何种规格、型号的刀具？

（2）填写空缺的程序说明。

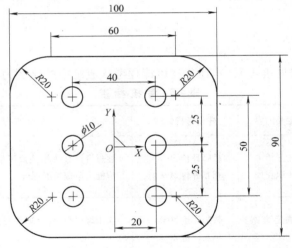

图 4-31　零件图

程序	说明
%	程序标识符
%0001;	程序名
N10　T01　M06;	
N20　G90　G00　G54　X30.0　Y−70.0　Z200.0;	按 G54 工件坐标系快速运动到下刀点的上方
N30　G43　Z50.　H01;	
N40　S500　M03　M08;	
N50　G01　Z−5.0　F50.0;	刀具以 F50 的速度下降到 Z−5 处
N60　G01　G41　X30.0　Y−45.0　D02;	

N70	X − 30.0	Y − 45.0	F100;

刀具以 F100 的速度进行直线插补的切削加工

N80　G02　X − 50.0　Y − 45.0　R20.0;
N90　G01　X − 50.0　Y25.0;

直线插补切削加工

N100　G02　X − 30.0　Y45.0　R20.0;
N110　G01　X30.0　Y45.0;
N120　G02　X50.0　Y25.0　R20.0;
N130　G01　X50.0　Y − 25.0;
N140　G02　X30.0　Y − 45.0　R20.0;
N150　G03　X15.0　Y − 60.0　R15.0;
N160　G01　G40　X30.0　Y − 70.0;

N170　G00　Z100.0　M05;

快速退到起始点上方，主轴停转

N180　T02　M06;

N190　G90　G00　X0　Y0　Z0;

快速运动到工件原点

N200　G43　Z50.　H03;

N210　S500　M03　M08;

N220　G01　Z3.0　F1000;

钻头尖到达 Z3 处

N230　G81　X20.0　Y − 25.0　Z − 5.0　R3.0　F50.0;

N240　X − 20.0　Y − 25.0;

钻第二孔

N250　X − 20.0　Y0;

钻第三孔

N260　X − 20.0　Y25.0;

钻第四孔

N270　X20.0　Y25.0;

钻第五孔

N280　X20.0　Y0;

钻第六孔

N290　G90　G00　G80　Z50.0

N300　G00　X0　Y0　M05;

快速回到工件原点，主轴停

N310　M09;

切削液停

N320　M30;

%

2. 二维轮廓零件的数控铣削加工编程

如图 4-32 所示的零件，零件加工程序如下，不考虑工件的装夹方式（假设零件已经装夹好）。编程原点在下表面，要求精铣外轮廓，安全高度为 50mm。试编写其数控程序。

1）程序 Z 向原点位于工件的（XY 平面）的下表面。

2）刀具：ϕ20mm 的立铣刀。

3）安全面高度：50mm。

4）给定切削用量：F250、S1000。

5）进刀/退刀方式：离开工件 50mm，

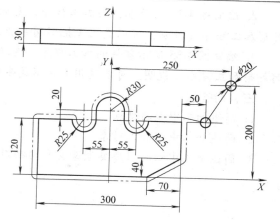

图 4-32　零件图

直线进刀，直线退刀。

6）工艺进给路线：从右上角逆时针方向加工。

%0001；

N120　G92　X250　Y200　Z50；

N130　G90　G00　Z-5　M03　S1000；

N140　G00　X200　Y120；

N150　G42　_____　D1　F250；

N170　_____；

N180　_____；

N190　G01　Y140；

N200　_____；

N210　G01　Y120；

N220　_____；

N230　G01　X-150；

N240　Y0；

N250　X80；

N260　X150　Y40；

N270　Y120；

N280　G00　Z50；

N290　G40　G00　X200　Y120；

N300　G00　X250　Y200；

N310　M05；

N320　M30；

%

二、编写程序题

1. 编写图4-33所示零件的加工程序。要求：只编写外形加工程序。（说明：可以选用多把不同半径的面铣刀）

2. 编写图4-34所示零件的加工程序，毛坯尺寸为75mm×50mm×12mm。要求：只编写外形加工程序（说明：可以选用多把不同半径面铣刀）。

3. 编写图4-35所示零件的加工程序，毛坯尺寸为100mm×100mm×15mm。要求：只编写外形加工程序（说明：可以选用多把不同半径面铣刀）。

三、问答题

1. 简述加工中心的特点。

2. 简述加工中心加工对象。

3. 简述加工中心的刀库类型及其自动换刀方式。

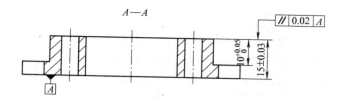

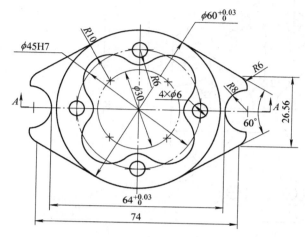

技术要求：
1. 未注公差按GB/T 1804—m加工。
2. 锐边倒钝。
3. 毛坯尺寸：100×100×20。

$\sqrt{}$ Ra 3.2

图 4-33　零件图

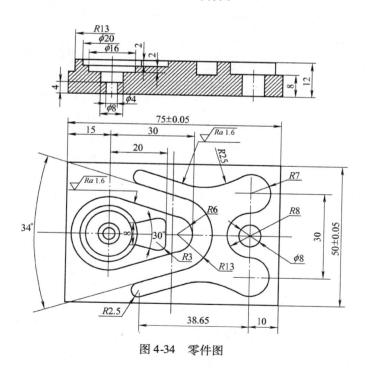

图 4-34　零件图

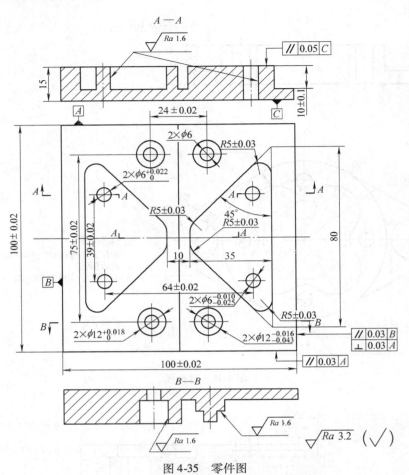

图4-35 零件图

5.1 任务描述及目标

在数控编程加工中，对于由非圆弧曲线组成的工件轮廓或三维曲线面轮廓，用普通插补指令难以完成其加工，可以采用编制宏程序的方法来完成。

用户把实现某种功能的一组指令像子程序一样预先存入存储器中，用一个指令代表这个存储的功能，在程序中只要指定该指令就能实现这个功能。这一组指令称为用户宏程序本体，简称宏程序。把代表指令称为用户宏程序调用指令，简称宏指令。编程人员编程时只需记住宏指令而不必记住宏程序。

子程序对编制相同加工操作的程序非常有用，而用户宏程序由于允许使用变量、算术和逻辑运算及条件转移，使得编制相同加工操作的程序更方便、更容易。可将相同加工操作编为通用程序，如型腔加工宏程序和固定加工循环宏程序，使用时在加工程序中可用一条简单指令调出用户宏程序，和调用子程序完全一样。用户宏程序与普通程序的区别在于：在用户宏程序本体中能使用变量，可以给变量赋值，变量间可以运算，程序运行可以跳转。图5-1所示为宏程序调用示例。

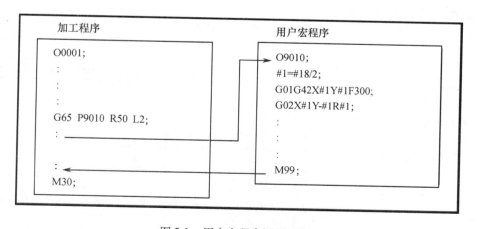

图 5-1 用户宏程序调用示例

通过该任务的练习，学生能了解变量符号的应用，如何进行变量的运算，判断语句的循环条件，能够熟练地进行有规律的曲面变量程序的编制。

用户宏程序时的主要方便之处在于可以用变量代替具体数值，因而在加工同一类的零件时，只需将实际的值赋予变量即可，而不需要对每一个零件都编制一个程序。目标是：

1）掌握变量编程。

2）掌握 B 类宏程序指令。

5.2　任务资讯

5.2.1　宏变量及常量

华中系统和 FANUC 系统中，变量都是用变量符号"#"和后面的变量号指定，或者用变量符号"#"和后面的变量表达式来表示。例如，#1 为直接指定变量号，#［#1 + #2 − 12］是用表达式来表示变量的。若用表达式表示一个变量，则表达式必须封闭在括号中。

1. 华中系统的宏变量（见表 5-1）

表 5-1　华中系统的宏变量

变量号	变量类型	变量号	变量类型
#0 ~ #49	当前局部变量	#450 ~ #499	5 层局部变量
#50 ~ #199	全局变量	#500 ~ #549	6 层局部变量
#200 ~ #249	0 层局部变量	#550 ~ #599	7 层局部变量
#250 ~ #299	1 层局部变量	#600 ~ #699	刀具长度寄存器 H0 ~ H99
#300 ~ #349	2 层局部变量	#700 ~ #799	刀具半径寄存器 D0 ~ D99
#350 ~ #399	3 层局部变量	#800 ~ #899	刀具寿命寄存器
#400 ~ #449	4 层局部变量		

2. 华中系统的常量（见表 5-2）

表 5-2　华中系统的常量

PI	TRUE	FALSE
圆周率 π = 3.1415926⋯	条件成立（真）	条件不成立（假）

3. FANUC 系统宏变量（见表 5-3）

表 5-3　FANUC 系统宏变量

变量号	变量类型	功能
#0	空变量	变量值总为空
#1 ~ #33	局部变量	只能用在宏程序中存储数据，如运算结果。当断电时局部变量被初始化为空。调用宏程序时，自变量对局部变量赋值
#100 ~ #199　操作型 #500 ~ #999　保持型	公共变量	在不同的宏程序中的意义相同。当断电时，变量#100 ~ #199 初始化为空，变量#500 ~ #999 的数据保存（即使断电也不丢失）
#1000 ~	系统变量	固定用途的变量

5.2.2 运算符与表达式

1. 算术运算符

算术运算符包括 +（加）、-（减）、*（乘）、∕（除）。

2. 条件运算符（见表5-4）

表5-4 条件运算符

EQ	NE	GT	GE	LT	LE
=	≠	>	≥	<	≤

3. 逻辑运算

逻辑运算包括 AND、OR、XOR。

4. 函数

常用函数包括 SIN、ASIN、COS、ACOS、TAN、ATAN、ABS、SQRT、ROUND、FIX、FUP、LN、EXP。

5. 表达式

用运算符连接起来的常数、宏变量构成表达式。

例如：$175\diagup SQRT[2]*COS[55*PI\diagup180]$；

$\quad\quad\quad #3*6GT14$；

6. 赋值语句

格式：宏变量 = 常数或表达式

把常数或表达式的值送给一个宏变量成为赋值。

例如：$#2=175\diagup SQRT[2]*COS[55*PI\diagup180]$；

$\quad\quad\quad #3=124.0$；

7. 变量的各种运算

表5-5 中列出了变量的各种运算。在变量之间、变量与常量之间可以进行的运算主要是赋值运算、算术运算、逻辑运算和函数运算等。运算符右边的表达式可包含常量或由函数、运算符组成的变量。表达式中的变量$#j$和$#k$可以用常数替换。左边的变量也可以用表达式赋值。

表5-5 变量的各种运算

运算类型	表达式	意义
赋值运算	$#i=#j$	赋值
	$#i=#j+#k$	加
	$#i=#j-#k$	减
算术运算	$#i=#j*#k$	乘
	$#i=#j\diagup#k$	除
	$#i=#jMOD#k$	余

（续）

运算类型	表达式	意义
逻辑运算	#i = #jAND#k	与（逻辑乘）
	#i = #jOR#k	或（逻辑和）
	#i = #jXOR#k	异或
函数运算	#i = SIN[#j]	正弦
	#i = ASIN[#j]	反正弦
	#i = COS[#j]	余弦
	#i = ACOS[#j]	反余弦
	#i = TAN[#j]	正切
	#i = ATAN[#j]	反正切
	#i = SQRT[#j]	平方根
	#i = ABS[#j]	绝对值
	#i = ROUND[#j]	四舍五入取整
	#i = FIX[#j]	小数点以下舍去
	#i = FUP[#j]	小数点以下进位
	#i = LN[#j]	自然对数
	#i = EXP[#j]	指数函数（以 e 为底）

注：i = 1，2，3……　　j = 1，2，3……　　k = 1，2，3……。

5.2.3　条件判断语句

1. 华中系统

格式一：IF 条件表达式；

　　　　…

　　　　ELSE；

　　　　…

　　　　ENDIF；

格式二：IF 条件表达式；

　　　　…

　　　　ENDIF；

2. FANUC 系统

格式：IF［＜条件式＞］GOTOn；（n = 顺序号）

＜条件式＞成立时，从顺序号为 n 的程序以下执行；＜条件式＞不成立时，执行下一个程序段。

条件判别语句的使用参见宏程序编程举例。

5.2.4　循环语句

1. 华中系统

格式：WHILE ［＜条件表达式＞］；

　　　…

　　　ENDW；

2. FANUC 系统

格式：WHILE ［＜条件式＞］DOm；（m = 顺序号）

　　　：

　　　ENDm；

＜条件式＞成立时从 DOm 的程序段到 ENDm 的程序段重复执行；如果＜条件式＞不成立，则从 ENDm 的下一个程序段执行。注意，m 只能是 1、2、3。

循环语句的使用参见宏程序编程举例。

5.2.5　条件式种类

条件式种类见表 5-6。

表 5-6　条件式种类

条 件 式	意 　义	条 件 式	意 　义
#j EQ #k	=	#j LT #k	<
#j NE #k	≠	#j GE #k	≥
#j GT #k	>	#j LE #k	≤

5.2.6　固定循环宏程序

1. HNC-21M 系统

HNC-21M 系统中的固定循环指令采用宏程序方法实现，这些宏程序调用具有模态功能。

由于各数控公司定义的固定循环含义不尽一致，采用宏程序实现固定循环时，用户可按自己的要求定制固定循环，十分方便。华中数控随售出的数控装置赠送固定循环宏程序的源代码 0000。

G 代码在调用宏（子程序或固定循环）时，系统会将当前程序段各字段（A ~ Z 共 26字段，如果没有定义则为零）的内容复制到宏执行时的局部变量#0 ~ #25 中，同时复制调用宏时当前通道九个轴的绝对位置（机床绝对坐标）到宏执行时的局部变量#30 ~ #38 中。

调用一般子程序时，不保存系统模态值，即子程序可修改系统模态并保持有效；而调用固定循环时保存系统模态值，即固定循环子程序不修改系统模态。

根据 HNC-21M 宏程序/子程序调用的参数传递规则，表 5-7 列出了宏当前局部变量#0 ~#38 对应传递的字段参数名。

2. FANUC 0i 系统

根据 FANUC 0i 系统中宏程序/子程序调用的参数传递规则，表 5-8 列出了宏当前局部变量#0 ~ #26 对应传递的字段参数名。

表 5-7 宏当前局部变量对应传递的字段参数名

宏当前局部变量	宏调用时所传递的字段名或系统变量	宏当前局部变量	宏调用时所传递的字段名或系统变量
#0	A	#20	U
#1	B	#21	V
#2	C	#22	W
#3	D	#23	X
#4	E	#24	Y
#5	F	#25	Z
#6	G	#26	固定循环指令初始
#7	H	#27	不用
#8	I	#28	不用
#9	J	#29	不用
#10	K	#30	调用子程序时轴0的绝对坐标
#11	L	#31	调用子程序时轴1的绝对坐标
#12	M	#32	调用子程序时轴2的绝对坐标
#13	N	#33	调用子程序时轴3的绝对坐标
#14	O	#34	调用子程序时轴4的绝对坐标
#15	P	#35	调用子程序时轴5的绝对坐标
#16	Q	#36	调用子程序时轴6的绝对坐标
#17	R	#37	调用子程序时轴7的绝对坐标
#18	S	#38	调用子程序时轴8的绝对坐标
#19	T		

表 5-8 宏当前局部变量对应传递的字段参数名

宏当前局部变量	宏调用时所传递的字段名或系统变量	宏当前局部变量	宏调用时所传递的字段名或系统变量
#1	A	#17	Q
#2	B	#18	R
#3	C	#19	S
#4	I	#20	T
#5	J	#21	U
#6	K	#22	V
#7	D	#23	W
#8	E	#24	X
#9	F	#25	Y
#11	H	#26	Z
#13	M		

对于每个局部变量，都可用系统宏 AR [] 来判别该变量是否被定义，以及是被定义为增量还是绝对方式。

5.2.7 B 类宏程序调用

宏程序有许多种调用方式，其中包括非模态调用（G65），模态调用（G66、G67），用 G 代码、T 代码和 M 代码调用宏程序。利用宏程序调用指令 G65 可以实现丰富的宏功能，包括算术运算、逻辑运算等处理功能。其一般形式为宏程序格式，与子程序类似，结尾用 M99 指令返回主程序。

1. 非模态调用

格式：G65　P＿＿　L＿＿　＜引数赋值＞；

说明：P 后面的数字为宏程序号；L 后面的数字为重复次数；引数是一个字母，对应宏程序中的变量地址，引数后面的数值赋给宏程序中对应的变量，同一调用语句中可以有多个引数。

例如：％0001；主程序

N01　G65　P2000　L2　X100　Y100　Z－12　R－7　F80；

N02　G00　X－200　Y100；

…

N08　M30；

％2000；宏程序

N10　G91　G00　X#24　Y#25；

N11　Z#18；

N12　G01　Z#26　F#9；

N13　#100　＝　#18＋#26；

N14　G00　Z－#100；

N15　M99；

2. 模态调用

格式：G66　P＿＿　L＿＿　＜引数赋值＞；　　　此时机床不动

　　　X＿＿　Y＿＿；　　　　　　　　　机床在这些点开始加工

　　　X＿＿　Y＿＿；

　　　…

　　　G67；　　　　　　　　　　　　　停止宏程序调用

说明：P 后面的数字为宏程序号；L 后面的数字为重复次数；G67 为取消宏程序模态调用指令。

例如：％0002；主程序

N01　G54　G90　；

N02　G00　X0　Y0　Z100　S500　M03；

N03　Z0；

N04　X100　Y－30；

N05　G66　P3000　L2　Z－12　R－2　F100；

N06　G90　X100　Y－50；

N07　X100　Y－80；

N08　G67；

N09　Z100　M05；

N10　X0　Y0；

N11　M30；

％3000；宏程序

N10　G91　G00　Z#18；

N11　G01　Z#26　F#9；

N12　#100　=　#18 + #26；

N13　G00　Z − #100；

N14　M99；

5.2.8　宏程序编制应用举例

例1　编制图 5-2 所示的椭圆宏程序。

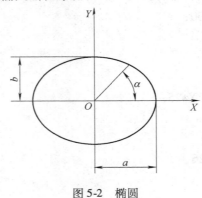

图 5-2　椭圆

椭圆函数关系如下：

$$X = a\cos\alpha$$
$$Y = b\sin\alpha$$

HNC-21M 参考程序：

%0001；

N10　#0 = 5；　　定义刀具半径 R 值

N20　#1 = 20；　定义 a 值

N30　#2 = 10；　定义 b 值

N40　#3 = 0；　　定义步距角 α 的初值，单位为（°）

N50　G90　G54　G00　Z100；

N60　X0　Y0；

N70　X[#1 + #0]　Y0；

N80　G01　Z − 5　F100；

N90　WHILE　[#3　GE　[− 2 * PI]]；

N100　G01　X[[#1 + #0] * COS[#3 * PI/180]]　Y[[#2 + #0] * SIN[#3 * PI/180]]；

N110　#3 = #3 − PI/180；

N120　ENDW；

N130　G01　G91　Y[− #0]；

N140　G00　Z10；

N150　M30；

FANUC 0i-MB 参考程序：

O0001；

N10   #0 = 5；   定义刀具半径 R 值

N20   #1 = 20；   定义 a 值

N30   #2 = 10；   定义 b 值

N40   #3 = 0；   定义步距角 α 的初值，单位为(°)

N50   G90 G54 G00 Z100；

N60   X0 Y0；

N70   X[#1 + #0] Y0；

N80   WHILE [#3 GE [-360] DO1；

N90   G01 X[[#1 + #0]*COS[#3*PI/180]] Y[[#2 + #0]*SIN[#3*PI/180]]；

N100 #3 = #3 - 1；

N110 END1；

N120 G01 G91 Y[-#0]；

N130 G00 Z10；

N140 M30；

例2 切圆台与斜方台，各自加工三个循环，要求倾斜 10°的斜方台与圆台相切，圆台在方台之上，俯视图如图 5-3 所示。

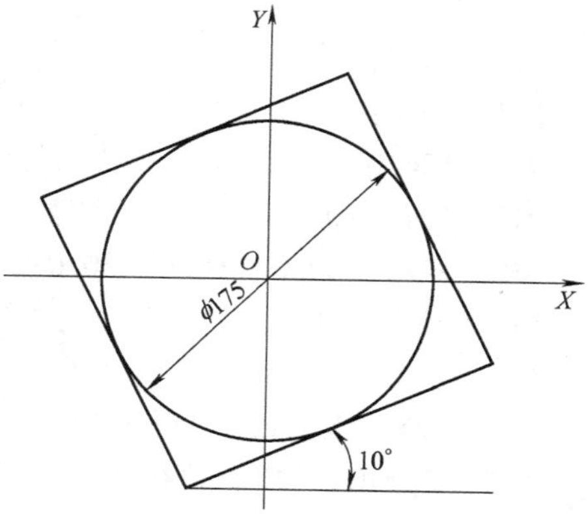

HNC-21M 参考程序：

%8002；

#10 = 10.0；   圆台阶高度

#11 = 10.0；   方台阶高度

#12 = 124.0；   圆外定点的 X 坐标值

#13 = 124.0；   圆外定点的 Y 坐标值

N01   G92 X0.0 Y0.0 Z0.0；

N05   G00 Z10.0；

#1 = 0；

N06   G00 X[#12] Y[#13]；

N07   Z[#10] M03 S600；

WHILE[#1 LT 3]；加工圆台

N[08 + #1*6] G01 G42 X[-#12/2] Y[-175/2] F280.0 D[#0 + 1]；

N[09 + #1*6] X[0] Y[-175/2]；

N[10 + #1*6] G03 J[175/2]；

N[11 + #1*6] G01 X[#12/2] Y[-175/2]；

N[12 + #1*6] G40 X[#12] Y[-#13]；

N[13 + #1*6] G00 X[-#12] Y[-#13]；

#1 = #1 + 1；

ENDW；

N100 Z[-#10 - #11]；

#2 = 175/SQRT[2]*COS[55*PI/180]；

#3 = 175/SQRT[2]*SIN[55*PI/180]；

图 5-3 宏程序编制例图

```
#4 = 175 * COS[10 * PI/180];
#5 = 175 * SIN[10 * PI/180];
#8 = 0;
WHILE [#8 LT 3]; 加工斜方台;
N[101 + #0 * 6] G01 G90 G42 X[ -#2] Y[ -#3] F280. 0 D[#0 +1];
N[102 + #8 * 6] G91 X[ +#4] Y[ +#5];
N[103 + #8 * 6] X[ -#5] Y[ +#4];
N[104 + #8 * 6] X[ -#4] Y[ -#5];
N[105 + #8 * 6] X[ +#5] Y[ -#4];
N[106 + #8 * 6] G00 G90 G40 X[ -#12] Y[ -#13];
#8 = #8 + 1;
ENDW;
G00 X0 Y0 M05;
M30;
```

FANUC 0i-MB 参考程序：

```
O8002;
#10 = 10. 0;                                        圆台阶高度
#11 = 10. 0;                                        方台阶高度
#12 = 124. 0;                                       圆外定点的 X 坐标值
#13 = 124. 0;                                       圆外定点的 Y 坐标值
N01 G92 X0.0 Y0.0 Z0.0;
N05 G00 Z10. 0;
#1 = 0;
N06 G00 X[#12] Y[#13];
N07 Z[#10] M03 S600;
WHILE[#1 LT 3] DO1;                                 加工圆台
N[08 + #1 * 6] G01 G42 X[ -#12/2] Y[ -175/2] F280. 0 D[#0 +1];
N[09 + #1 * 6] X[0] Y[ -175/2];
N[10 + #1 * 6] G03 J[175/2];
N[11 + #1 * 6] G01 X[#12/2] Y[ -175/2];
N[12 + #1 * 6] G40 X[#12] Y[ -#13];
N[13 + #1 * 6] G00 X[ -#12] Y[ -#13];
#1 = #1 + 1;
END1;
N100 Z[ -#10 - #11];
#2 = 175/SQRT[2] * COS[55 * PI/180];
#3 = 175/SQRT[2] * SIN[55 * PI/180];
#4 = 175 * COS[10 * PI/180];
#5 = 175 * SIN[10 * PI/180];
```

```
#8 = 0；
WHILE 〔#8 LT 3〕 DO2；                          加工斜方台
N〔101 + #0 * 6〕 G01 G90 G42 X〔 - #2〕 Y〔 - #3〕 F280.0 D〔#0 + 1〕；
N〔102 + #8 * 6〕 G91 X〔 + #4〕 Y〔 + #5〕；
N〔103 + #8 * 6〕 X〔 - #5〕 Y〔 + #4〕；
N〔104 + #8 * 6〕 X〔 - #4〕 Y〔 - #5〕；
N〔105 + #8 * 6〕 X〔 + #5〕 Y〔 - #4〕；
N〔106 + #8 * 6〕 G00 G90 G40 X〔 - #12〕 Y〔 - #13〕；
#8 = #8 + 1；
END2；
G00 X0 Y0 M05；
M30；
```

5.3 任务实施

5.3.1 铣削内半球体

在数控铣床上用 ϕ12mm 球头铣刀对半球体（见图5-4）进行精加工。若用同一程序以及用不同半径的刀具加工不同半径的内球体，编写宏程序。

FANUC 0i-MB 系统参考程序：

```
O1234；
M03 S900；
G54 G17 G90 G80 G40 G94；
G00 Z100；
G00 X0 Y0；
G00 Z5；
G65 P1235 A35 B6 D5；
G00 Z100；
G00 Y100；
M30；
O1235；
#101 = #1；
#102 = #2；
#103 = #1 - #2；
#104 = #7；
G00 X〔#103〕；
G01 Z0 F120；
WHILE 〔#104 LE 90〕 DO 1；
#110 = #103 * COS〔#104〕；
```

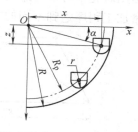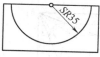

图5-4 半球体零件图

```
#120 = #103 * SIN[#104];
G01  X[#110]  Z -[#120]  F80;
G02  I -[#110];
#104 = #104 + #7;
END1;
M99;
```

5.3.2　加工过渡曲面

加工一方圆过渡曲面如图 5-5 所示，假设待加工的工件为一实心立方体，工件的上表面中心为 G54 坐标原点，现进行加工原理分析和加工程序编制。

1. 编程思路

这种方圆过渡曲面在机械上应用非常普遍，一般的角度配合指的都是斜面或圆锥面配合，外斜面加工多数指上小下大的斜面，而内斜加工则指的是上大下小的斜面。

对于方圆过渡这种曲面，可用平底立铣刀进行加工，在加工时要设定较小的步距，以提高加工表面质量。此外，对工件的曲面进行分解如图 5-5 所示，将整个曲面分成 8 份：$a_1b_1b_4$ 斜面、$a_1a_2b_1$ 圆弧面、$a_2b_1b_2$ 斜面、$a_2a_3b_2$ 圆弧面、$a_3b_2b_4$ 斜面、$a_3a_4b_3$ 圆弧面、$a_4b_3b_4$ 斜面、$a_4a_1b_4$ 圆弧面。加工时，刀具以等高方式自上而下进行分层进给加工，如图 5-6 所示。结合实际生产和工艺要求，由于利用变量编制加工程序，具有参数变化的特点，在运用时完全可以通过巧妙合理地设置各种加工参数、选择不同规格的刀具，以同样的一个变量加工程序达到不同的加工目的。

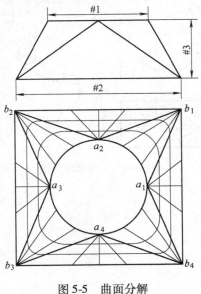

图 5-5　曲面分解

图 5-6　走刀方式

2. 程序编制

（1）华中世纪星 HNC-2M 系统

加工程序　　　　　　　　　　　　　　　　注释说明

OXYZ;　　　　　　　　　　　　　　　　　文件名

```
%0001；                                        程序名
#1 = 60；                                      工件的顶部轮廓直径 φ
#2 = 100；                                     工件的底部轮廓边长
#3 = 35；                                      工件的加工深度
#4 = 10；                                      刀具半径 R
#5 = 350；                                     进行加工的进给次数
#6 = [[#2 - #1]/2]/#5；                        在 X、Y 轴上的变化步距
#7 = [#1/2]/#5；                               圆弧面变化的步距
#8 = #3/#5；                                   在 Z 轴深度方向上的每次下刀量
#9 = 0；                                       对 Z 轴下刀深度赋初始值为 0
#10 = 0；                                      对 X、Y 轴上的变化量步距赋初始
                                              值为 0
#11 = [#1/2] + #4；                            顶部轮廓半径
#12 = [#1/2] + #4；                            计算加上刀具半径以后的 X、Y 轴
                                              初始轮廓尺寸
G54  G90  G17  G80  G40；                      程序开始，设定加工环境
G00  Z100  M03  S800；                         提刀至安全平面，并起动主轴旋转
G00  X[[#2/2] + #4 + 5]  Y0；                  确定下刀位置
G00  Z5；                                      快速运刀至工件上表面 5mm 处
WHILE[#9  LE  #3]；                            进行条件判断，符合要求执行下面
                                              的程序段，否则从 ENDW 跳出执
                                              行程序段 ENDW 以后的程序
G01  Z - #9  F500；                            进给下刀
G01  X[#12 + #10]；                            进行 X 轴斜面切削
G01  Y[#12 + #10 - #11]；                      进行 Y 轴斜面切削
G03  X[#12 + #10 - #11]  Y[#12 + #10]  R#11；   进行圆弧面切削
G01  X - [#12 + #10 - #11]；                   进行 X 轴斜面切削
G03  X - [#12 + #10]  Y[#12 + #10 - #11]  R#11；进行圆弧面切削
G01  Y - [#12 + #10 - #11]；                   进行 Y 轴斜面切削
G03  X - [#12 + #10 - #11]  Y - [#12 + #10]  R#11；进行圆弧面切削
G01  X[#12 + #10 - #11]；                      进行 X 轴斜面切削
G03  X[#12 + #10]  Y - [#12 + #10 - #11]  R#11；进行圆弧面切削
G01  Y0；                                      进行 Y 轴斜面切削
G01  X[[#2/2] + #4 + 5]；                      退刀到下刀位置
#9 = #9 + #8；                                 深度方向上加值计算
#10 = #10 + #6；                               X、Y 轴斜面方向上加值计算
#11 = #11 - #7；                               圆弧面向上减值计算
ENDW；                                         截止循环程序段
G00  Z100；                                    提刀至安全位置
```

M05；　　　　　　　　　　　　　　　主轴停止旋转

G91　G28　Y0　Z0；　　　　　　　机床返回参考点

M30；　　　　　　　　　　　　　　　程序结束

（2）FANUC 0i-MB 系统

加工程序　　　　　　　　　　　　　注释说明

O0001；　　　　　　　　　　　　　程序名

#1 = 60；　　　　　　　　　　　　工件的顶部轮廓直径 ϕ

#2 = 100；　　　　　　　　　　　　工件的底部轮廓边长

#3 = 35；　　　　　　　　　　　　工件的加工深度

#4 = 10；　　　　　　　　　　　　刀具半径 R

#5 = 350；　　　　　　　　　　　进行加工的进给次数

#6 = [[#2 − #1]/2]/#5；　　　　在 X、Y 轴上的变化步距

#7 = [#1/2]/#5；　　　　　　　　圆弧面变化的步距

#8 = #3/#5；　　　　　　　　　　在 Z 轴深度方向上的每次下刀量

#9 = 0；　　　　　　　　　　　　对 Z 轴下刀深度赋初始值为 0

#10 = 0；　　　　　　　　　　　对 X、Y 轴上的变化量步距赋初始值为 0

#11 = [#1/2] + #4；　　　　　　顶部轮廓半径

#12 = [#1/2] + #4；　　　　　　计算加上刀具半径以后的 X、Y 轴初始轮廓尺寸

G54　G90　G17　G80　G40；　　程序开始，设定加工环境

G00　Z100　M03　S800；　　　　提刀至安全平面，并起动主轴旋转

G00　X[[#2/2] + #4 + 5]　Y0；　确定下刀位置

G00　Z5；　　　　　　　　　　　快速运刀至工件上表面 5mm 处

WHILE [#9 LE #3] DO1；　　　　进行条件判断，符合要求执行下面的程序段，否则从 END1 跳出，执行程序段 END1 以后的程序

N1　G01　Z − #9　F500；　　　　进给下刀

G01　X[#12 + #10]；　　　　　　进行 X 轴斜面走刀

G01　Y[#12 + #10 − #11]；　　　进行 Y 轴斜面走刀

G03　X[#12 + #10 − #11]　Y[#12 + #10]　R#11；　进行圆弧面走刀

G01　X − [#12 + #10 − #11]；　进行 X 轴斜面走刀

G03　X − [#12 + #10]　Y[#12 + #10 − #11]　R#11；　进行圆弧面走刀

G01　Y − [#12 + #10 − #11]；　进行 Y 轴斜面走刀

G03　X − [#12 + #10 − #11]　Y − [#12 + #10]　R#11；　进行圆弧面走刀

G01　X[#12 + #10 − #11]；　　进行 X 轴斜面走刀

G03　X[#12 + #10]　Y − [#12 + #10 − #11]　R#11；　进行圆弧面走刀

G01　Y0；　　　　　　　　　　进行 Y 轴斜面走刀

G01　X[[#2/2] + #4 + 5]；　　退刀到下刀位置

#9 = #9 + #8；	深度方向上加值计算
#10 = #10 + #6；	X、Y轴斜面方向上加值计算
#11 = #11 − #7；	圆弧面向上减值计算
END1；	截止循环程序段
G00　Z100；	提刀至安全位置
M05；	主轴停止旋转
G91　G28　Y0　Z0；	机床返回参考点
M30；	程序结束

5.4　任务评价与总结提高

5.4.1　任务评价

本任务的考核标准评价见表5-9，本任务在该课程考核成绩中的比例为5%。

表5-9　考 核 标 准

序号	工作过程	主要内容	建议考核方式	评分标准	配分
1	资讯（10分）	任务相关知识查找	教师评价50%相互评价50%	通过资讯查找相关知识学习，按任务知识能力掌握情况评分	15
2	决策、计划（10分）	确定方案、编写计划	教师评价80%相互评价20%	按应用变量指令，合理编写加工程序评分	20
3	实施（10分）	格式正确、应用合理、合理性高	教师评价20%自己评价30%相互评价50%	变量符号的正确使用，正确编写程序	30
4	任务总结报告（60分）	记录实施过程、步骤	教师评价100%	根据半球曲面的程序编制的任务分析、实施、总结过程记录情况，提出新方法等情况评分	15
5	职业素养、团队合作（10分）	工作积极主动性，组织协调与合作	教师评价30%自己评价20%相互评价50%	根据工作积极主动性以及相互协作情况评分	20

5.4.2　任务总结

华中数控系统和 FANUC 数控系统为用户配备了强有力的类似于高级语言的宏程序功能，用户可以使用变量进行算术运算、逻辑运算和函数的混合运算。此外宏程序还提供了循环语句、分支语句和子程序调用语句，利于编制各种复杂的零件加工程序，减少乃至免除手工编程时进行烦琐的数值计算，精简程序量。

通过该任务的练习，学生可了解变量符号的应用，如何进行变量的运算，判断语句的循环条件，能够熟练地进行有规律的曲面变量程序的编制。

5.4.3　练习与提高

一、简答题

1. 简述华中系统变量类型及用法。

2. 华中系统常用控制语句有哪些？简述各语句使用方法。

二、变量编程题

1. 加工图 5-7 所示的凹半球体曲面，采用三维螺旋加工，进行原理分析和程序编制。

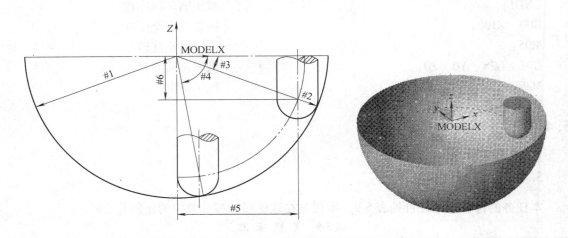

图 5-7　内球面自上而下水平圆弧环绕精加工（球头铣刀）

2. 加工图 5-8 所示的外椭圆球面，自上而下等高体积粗加工（平底立铣刀），进行原理分析和程序编制。

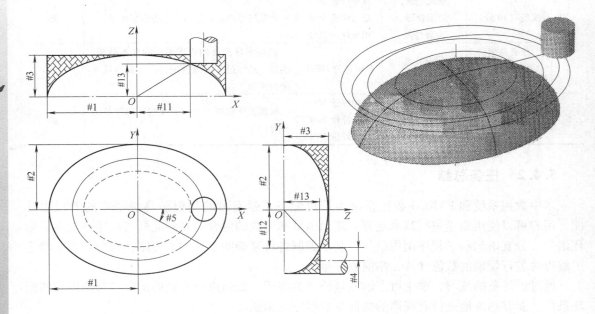

图 5-8　外椭圆球面自上而下等高体积粗加工（平底立铣刀）

3. 加工一方圆过渡曲面，如图 5-9 所示，假设待加工的工件为一实心立方体，工件的上表面中心为 G54 坐标原点，现进行加工原理分析和加工程序编制。

5 PROJECT

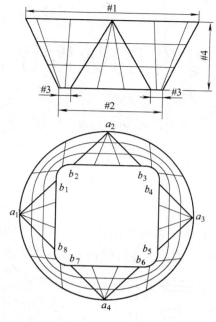

图5-9 曲面分解

6.1　任务描述及目标

试在数控铣床上完成图 6-1 所示零件的编程与加工（已知材料为 45 钢，毛坯尺寸为 78mm×78mm×(20±0.03)mm）。要求：零件的各加工技术要求符合图样要求。

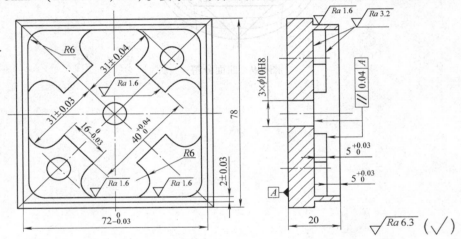

图 6-1　零件图

通过本任务内容的学习，学生能够根据零件图的技术要求，分析图样，合理选择加工设备、工具、量具、刀具、附具等；熟练编写加工程序，合理选择切削用量，最后完成零件的加工，并进行零件的检测。

6.2　任务资讯

6.2.1　确定加工路线时应遵守的原则

1）确定加工路线应能保证零件的加工精度和表面粗糙度要求，并保证高的加工效率。

2）为提高生产效率，在确定加工路线时，应使加工路线最短，刀具空行程时间最少。

3）所确定的加工路线应当能够减少编程工作量，以及编程时数值计算的工作量。

在使用以上原则的时候，还应当考虑零件的加工余量、机床的加工能力等问题。

6.2.2 影响尺寸精度的因素

铣削加工过程中尺寸精度降低的原因是多方面的，见表6-1。

表6-1 数控铣削加工过程中尺寸精度降低的原因

影 响 因 素	序号	产 生 原 因
工件装夹与找正	1	工件装夹不牢固，加工过程中产生松动与振动
	2	工件找正不正确
刀具及使用	3	刀具尺寸不正确或产生磨损
	4	对刀不正确，工件的位置尺寸产生误差
	5	刀具刚性差，刀具加工过程中产生振动
加工	6	切削深度过大，导致刀具发生弹性变形，加工面呈锥形
	7	刀具补偿参数设置不正确
	8	精加工余量选择过大或过小
	9	切削用量选择不当，导致切削力、切削热过大，从而产生热变形和内应力
工艺系统	10	机床原理误差
	11	机床几何误差
	12	工件定位不正确或夹具与定位元件制造误差

6.2.3 影响几何精度的因素

零件的几何精度包括各加工表面与基准面的垂直度、平行度以及对称度等。在零件轮廓的铣削加工过程中，造成几何精度降低的原因见表6-2。

表6-2 数控铣削加工过程中几何精度降低的原因

影 响 因 素	序号	产 生 原 因
工件装夹与找正	1	工件装夹不牢固，加工过程中产生松动与振动
	2	夹紧力过大，产生弹性变形，切削完成后变形恢复
	3	工件找正不正确，造成加工面与基准面不平行或不垂直
刀具及使用	4	刀具刚性差，刀具加工过程中产生振动
	5	对刀不正确，产生位置精度误差
加工	6	切削深度过大，导致刀具发生弹性变形，加工面呈锥形
	7	切削用量选择不当，导致切削力过大而产生工件变形
工艺系统	8	夹具装夹找正不正确（如本任务中钳口找正不正确）
	9	机床几何误差
	10	工件定位不正确或夹具与定位元件制造误差

注：几何精度对配合精度有直接影响。

6.2.4 薄壁零件的铣削

铣削薄壁零件时，变形是多方面的，主要是装夹工件时的夹紧力、切削工件时的切削力、工件阻碍刀具切削时产生的弹性变形和塑性变形等使切削区温度升高而产生热变形。

6
PROJECT

提高薄壁零件加工精度和效率的措施如下：

切削力的大小与切削用量密切相关。根据金属切削原理可以知道：背吃刀量 a_p、进给量 f、切削速度 v_c 是切削用量的三个要素。

背吃刀量和进给量同时增大，切削力也增大，变形也大，对铣削薄壁零件极为不利。减少背吃刀量，增大进给量，切削力虽然有所下降，但工件表面残余面积增大，表面粗糙度值大，使强度不好的薄壁零件的内应力增加，同样也会导致零件的变形。

6.2.5　确定刀具切入切出路线

铣削零件轮廓时，为保证零件的加工精度与表面粗糙度要求，避免在切入切出处产生刀具的刻痕，设计刀具切入切出路线时应避免沿零件轮廓的法向切入切出。切入工件时，可沿切削起始点的延长线或切线方向逐渐切入，保证零件曲线的平滑过渡。同样，在切出工件时，也应避免在切削终点处直接抬刀，要沿着切削终点的延长线或切线方向逐渐切出。

对于二维轮廓加工，如果内轮廓曲线不能外延时，可沿内轮廓曲线的法向进刀和退刀，进刀点和退刀点应尽量选择在内轮廓曲线两几何元素的交点处，如图 6-2 所示。

对于型腔的粗铣加工，一般应先钻一个工艺孔至型腔底面（留一定精加工余量），并扩孔，以便所使用的立铣刀能从工艺孔进刀，进行型腔粗加工，如图 6-3 所示。型腔粗加工方式一般采用从中心向四周扩展。

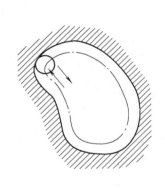

图 6-2　沿曲线法向进刀和退刀

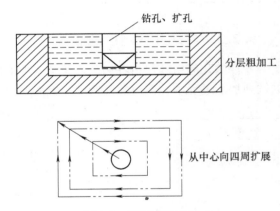

钻孔、扩孔

分层粗加工

从中心向四周扩展

图 6-3　型腔粗加工方式

铣削内槽时，除选择刀具圆角半径符合内槽的图样要求外，为保证零件的表面粗糙度，同时又使进给路线短，可先用行切法切去中间部分余量，最后用环切法切一刀，既能使总的进给路线短，又能获得较好的表面粗糙度。

此外，轮廓加工中应避免进给停顿，因为加工过程中的切削力会使工艺系统产生弹性变形并处于相对平衡状态，进给停顿时，切削力突然变小，会改变系统的平衡状态，刀具会在进给停顿处的零件轮廓上留下刀痕，影响零件的表面质量。

6.2.6　任意角度的倒角和倒圆

在任意两直线插补程序段之间、在直线和圆弧插补或圆弧与直线插补程序段之间、在两圆弧插补程序段之间可以自动地插入倒角和倒圆。

格式：

G01　X __　Y __　C __；拐角倒角

G01　X __　Y __　R __；拐角圆弧过渡

说明：1）X、Y 表示任意两直线、圆弧插补或圆弧与直线插补的交点坐标。

2）C 后的值表示倒角起点和终点距假想拐角交点的距离，假想拐角交点即未倒角前的拐角交点，如图 6-4 所示；R 后的值表示圆角半径，如图 6-5 所示。

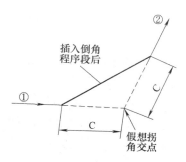

图 6-4　任意角度倒角

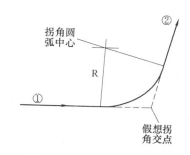

图 6-5　任意角度倒圆

上面的指令应加在直线插补 G01 或圆弧插补 G02/G03 程序段的末尾。倒角和拐角圆弧过渡的程序段可连续地指定。

使用时需注意以下几点：

1）00 组 G 代码（除了 G04 以外）、16 组的 G68 不能与倒角和拐角圆弧过渡位于同一程序段中，也不能用在连续形状的倒角和拐角圆弧过渡的程序段中。

2）在螺纹加工程序段中不能指定拐角圆弧过渡。

3）在坐标系变动（G92 或 G52 ～ G59），或执行返回参考点（G28 ～ G30）之后的程序段中不能指定倒角或拐角圆弧过渡。

4）DNC 操作不能使用任意角度倒角和拐角圆弧过渡。

6.2.7　切削液及其选用

1. 切削液的作用

（1）冷却作用　切削液能吸收并带走切削区大量的热量，改善散热条件，降低刀具和工件的温度。

（2）润滑作用　切削液能在切屑与刀具的微小间隙中形成一层很薄的吸附膜，减小摩擦因数，减小刀具、切屑、工件之间的摩擦。

（3）清洗作用　能清除粘附在工件和刀具上的细碎切屑，防止划伤工件已加工表面，减小刀具磨损。

（4）防锈作用　在切削液中加入防锈剂后，能在金属表面形成保护膜，使机床、刀具和工件不受周围介质腐蚀。

2. 切削液的种类

（1）乳化液　乳化液是用乳化油稀释而成的，主要起冷却作用。这类切削液比热容大、黏度小、流动性好、可吸收大量的热量。乳化液中常加入极压添加剂和防锈添加剂，以提高润滑和防锈性能。

（2）切削油 切削油的主要成分是矿物油，少数采用动物油和植物油，主要起润滑作用。这类切削液比热容小、黏度较大、流动性差。矿物油中加入极压添加剂和防锈添加剂，可提高润滑和防锈性能。动物油和植物油的润滑效果比矿物油好，但易变质，应尽量少用或不用。

3. 切削液的选用

应根据加工性质、工件材料、刀具材料和工艺要求等具体情况合理选用切削液。

（1）根据加工性质 粗加工时，选用以冷却为主的乳化液。精加工时，选用润滑性能好的极压切削油或高浓度的极压乳化液。

（2）根据工件材料 钢件粗加工一般用乳化液，精加工用极压切削油。切削铸铁、铜及铝等材料时，一般不用切削液，精加工时可采用煤油或质量浓度为7%～10%乳化液。切削有色金属和铜合金时，不宜采用含硫的切削液；切削镁合金时，不用切削液。

（3）根据刀具材料 高速钢刀具粗加工时，用极压乳化液，精加工钢件时用极压乳化液或极压切削油。硬质合金刀具一般不用切削液，在加工硬度高、强度好、导热性差的特种材料和细长工件时，可用冷却为主的切削液。

6.2.8 华中 HNC-21M 数控铣床操作

1. 机床数控系统操作面板操作

数控系统操作面板由 CRT 显示器和 MDI 键盘两部分组成，其中 CRT 显示器主要用来显示相关坐标位置、程序、图形、参数、诊断、报警等信息，而 MDI 键盘包括字母键、数字键以及功能按键等，可以进行程序、参数、机床指令的输入及系统功能的选择。

华中世纪星 HNC-21M 数控系统操作面板如图 6-6 所示，可分为以下几个部分：

①CRT 显示器。

②MDI 键盘。

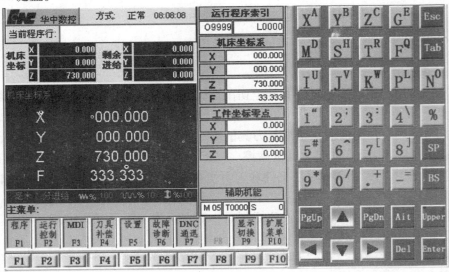

图 6-6　数控铣床系统操作面板

数字键用于输入数字到输入区域。

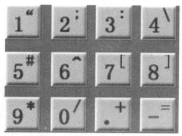

字母键用于输入字母到输入区域。

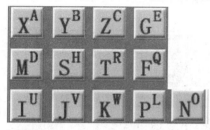

Esc 【退出键】 退出当前窗口。

Tab 【切换键】 用于切换。

% 【百分号键】 主要用于输入程序号。

SP 【空格键】 在编辑方式下用于编辑程序的空格。

BS 【向前删除键】 在编辑方式下用于删除程序的字符。

Upper 【转换键】 主要用于数字键和字母键的字符转换。

Enter 【确认键】 用于确认系统提示及结束一行程序的输入并且换行。

Ait 【上档键】 结合字母键使用，主要用于系统一些快捷方式的操作。

Del 【删除键】 主要用于删除当前字符或者在选择程序里删除整个程序。

PgDn 【向下翻页】 编辑工作方式中使 CRT 的页面向下切换。

PgUp 【向上翻页】 编辑工作方式中使 CRT 的页面向上切换。

▲ 【向上查找】 光标向上移动一行。持续地按此键时可使光标连续向上移动。

6

PROJECT

【向下查找】　光标向下移动一行。持续地按此键时可使光标连续向下移动。

　【向右查找】　光标向左移动一列。持续地按此键时可使光标连续向右移动。

　【向左查找】　光标向右移动一列。持续地按此键时可使光标连续向左移动。

2. 机床控制面板操作

机床控制面板位于数控系统操作面板的下方，如图 6-7 所示，主要用于控制机床的运动和选择机床运行状态，由机床操作模式选择旋钮、数控程序运行控制开关等多个部分组成。

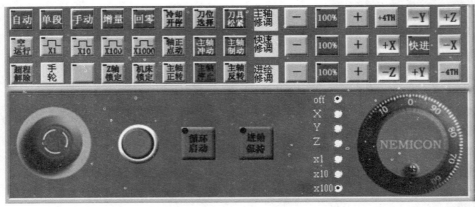

图 6-7　机床控制面板

【紧急停止】　用于机床的紧急停止。

【启动键】　用于数控面板电源的启动。

【循环启动键】　用于运行程序及 MDI 程序运行。

【进给保持键】　用于程序运行及 MDI 程序运行时的暂停。

【手轮】　在手轮工作方式下，用于移动 X、Y、Z 轴。

【手轮波段开关选择】 在手轮工作方式下，用来选择移动轴以及移动倍率。

【自动方式】 自动工作方式下自动、连续持行程序，模拟执行程序，运行 MDI 指令。

【单段方式】 单段工作方式下，按下"循环启动"键后，执行一个程序段就停下来，再按下"循环启动"键，可再执行一个程序段。

【手动方式】 在手动工作方式下，可手动连续进给坐标轴、手动换刀、手动启动与停止切削液、主轴正反转。

【增量方式】 在增量工作方式下，可定量移动机床坐标轴，移动距离通过倍率调整来实现。

【回零】 回零工作方式下，可手动返回参考点，建立机床坐标系。

【冷却液开关】 在手动工作方式下，用于冷却液的开、关。

【空运行】 在自动或者 MDI 工作方式下，按此键机床处于空运行状态，编程进给速度 F 被忽略，坐标轴以 G00 的速度移动，空运行，不做实际切削，目的是确认切削路径。

【增量倍率】 用于手动工作方式下，控制增量进给的增量值。×1 表示 0.001mm；×10 表示 0.01mm；×100 表示 0.1mm；×1000 表示 1mm。

【主轴冲动】 在手动方式下按压此键，主电动机以机床参数设定的转速和时间转动一定角度。

【主轴制动】 在手动方式下，主轴停止状态，按压此键，主电动机被锁定在当前位置。

【主轴正转】 在手动方式下按压此键，主轴电动机以机床参数设定的转速正转。

【主轴停止】 在手动方式下按压此键，主电动机减速停止。

【主轴反转】 在手动方式下按压此键，主轴电动机以机床参数设定的转速反转。

6

PROJECT

【Z轴锁定】　在手动工作方式下按压此键，再在自动/单段/MDI 工作方式下按"循环启动"键，机床 Z 轴坐标位置信息变化，但 Z 轴不运动，X、Y 轴运动。

【机床锁定】　在手动方式下按压此键，再在自动/单段/MDI 工作方式下按"循环启动"键，机床各坐标轴坐标位置信息变化，但各坐标轴不做运动。

【超程解除】　当机床超出安全行程时，切断机床伺服强电，机床不能动作，起到保护作用。如果要退出超程状态，需一直按住该键，接通伺服电源，在手动方式下反向手动移动机床坐标轴，使行程开关离开挡块。

【手轮键】　按压此键机床进入手轮工作方式。

【主轴修调】　在自动或 MDI 运行方式下，修调 S 编程的主轴速度；在手动方式下，调节手动时的主轴速度。

【快速修调】　在自动或 MDI 运行方式下，修调 G00 的速度；在手动方式下，调节手动连续快移速度。

【进给修调】　在自动或 MDI 运行方式下，修调进给速度；在手动方式下，调节手动连续进给速率。

【轴手动键】　在手动方式下，选择坐标轴和进给方向，在手动连续进给时，如果同时按压快进键，则相应轴沿正向或负向快速移动。

3. 机床操作

（1）返回参考点　按一下【回零】键（指示灯亮），系统处于手动回零点方式，可手动返回零点。下面以 X 轴回零点为例说明。根据 X 轴"回零点方向"参数的设置，按一下【+X】键回零点方向为正；X 轴将以"回零点快移速度"参数设定的速度快进；回零点结束，此时【+X】键内的指示灯亮。用同样的操作方法按【+Y】、【+Z】按键，可以使 Y 轴、Z 轴返回零点。

注意：在每次电源接通后，必须先用这种方法完成各轴的返回零点操作，然后再进入其他运行方式，以确保各轴坐标的正确性；在回零点前，应确保回零轴位于参考点的"回参考点方向"相反侧；否则应手动移动该轴直到满足此条件。

（2）手动移动机床

1）手动进给。按一下 手动 键（指示灯亮），系统处于手动运行方式，可手动移动机床坐标轴。下面以手动移动 X 轴为例说明。按压 +X 或 −X 键（指示灯亮），X 轴将产生正向或负向连续移动；松开 +X 或 −X 键（指示灯灭），X 轴即减速停止。用同样的操作方法使用 +Y 、 −Y 、 +Z 、 −Z 键，可以使 Y 轴、Z 轴产生正向或负向连续移动。同时按压多个相容的轴手动按键，每次能手动连续移动多个坐标轴。在手动连续进给时，若同时按压 快进 按键，则产生相应轴的正向或负向快速运动。

2）增量进给。按一下控制面板上的 增量 按键（指示灯亮），系统处于增量进给方式，可增量移动机床坐标轴。下面以增量进给 X 轴为例说明。按一下 +X 或 −X 键（指示灯亮），X 轴将正向或负向移动一个增量值；再按一下 +X 或 −X 键，X 轴将正向或负向继续移动一个增量值。用同样的操作方法使用 +Y 、 −Y 、 +Z 、 −Z 键，可以使 Y 轴、Z 轴正向或负向移动一个增量值。

3）手轮进给。按 手轮 键进入手轮工作方式，手轮的坐标轴选择置于 X 档；手动顺时针或逆时针旋转手摇脉冲发生器一格，X 轴将正向或负向移动一个增量值。用同样的操作方法使用手轮，可以使 Y 轴、Z 轴正向或负向移动一个增量值。手摇进给方式每次只能使一个坐标轴增量进给。手轮进给的增量值（手轮每转一格的移动量）由手持单元的增量倍率波段开关 x1 、 x10 、 x100 控制。

（3）开关主轴

1）使机床在 手动 、 增量 或者 手轮 方式下。

2）按 主轴正转 、 主轴停止 或者 主轴反转 键，开关机床主轴。

（4）程序的输入　在主菜单下，按 程序 F1 键进入下一级菜单，按 编辑程序 F2 进入下一级菜单，按 新建程序 F3 键后，系统提示 是否保存程序的修改(Y?N)/Y ，按 Enter 键确认。输入新建程序名，如

输入新建文件名 O1111 ，按 **Enter** 键开始输入程序，如图 6-8 所示。每输完一行段程序按

Enter 键确认并进入下一行。程序输入完后，按 **保存程序 F4** 键，系统提示 **程序保存为** O1111 ，

按 **Enter** 键系统提示 **编辑程序** **保存成功** 。

（5）MDI 运行 在主菜单下，按 **MDI F3** 键后，CRT 页面进入 MDI 方式显示画面，如图 6-9 所示，按相关字符进行输入，按 **Enter** 键确认，在机床控制面板按 **自动** 键后，再按 **循环启动** 键进行 MDI 运行，或者在机床控制面板按 **单段** 键后，再连续按压 **循环启动** 键进行 MDI 运行。

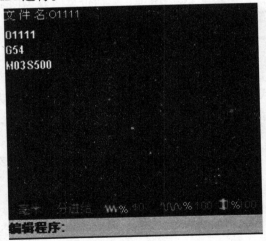

图 6-8 HNC-22M 数控系统程序输入画面

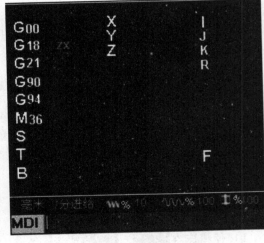

图 6-9 MDI 方式显示画面

（6）程序的编辑

1）在主菜单下，按 **程序 F1** 键进入下一级菜单，按 **选择程序 F1** 键，CRT 页面显示

文件名	大小	日期
O1111	005K	2/25/2009
O9999	76.141K	2/25/2009

，按 ▲ 键或者 ▼ 键，选择要编辑的程序，

按 **Enter** 键确认，再按 **编辑程序 F2** 键，这时可移动光标进行程序编辑，按 **Del** 键或者 **BS** 键删

除字符，编辑完成后按 **保存程序 F4** 键，最后按 **Enter** 键确认系统提示。

2）编辑正在使用的程序。在主菜单下，按 **程序 F1** 键进入下一级菜单，按 **编辑程序 F2** 键后，再

移动光标即可以进行程序的编辑，按 **Del** 键或者 **BS** 键删除字符，编辑完成后按 **保存程序 F4** 键，
最后按 **Enter** 键确认系统提示。

（7）选择程序 在主菜单下，按 **程序 F1** 键进入下一级菜单，按 **选择程序 F1** 键后，CRT 页面显示

文件名	大小	日期
O1111	005K	2/25/2009
O9999	76.141K	2/25/2009

，再按 **▲** 键或者 **▼** 键，选择要使用的程序，
按 **Enter** 键确认。

（8）删除程序 在主菜单下，按 **程序 F1** 键进入下一级菜单，按 **选择程序 F1** 键后，CRT 页面显示

文件名	大小	日期
O1111	005K	2/25/2009
O9999	76.141K	2/25/2009

，再按 **▲** 键或者 **▼** 键，选择要删除的程序，
按 **Del** 键，系统提示 **程序：您要删除当前文件吗?Y/N?(Y)** ，按 **Enter** 键确认。

（9）坐标系的建立 在主菜单下按 **设置 F5** 键进入下一级菜单，按 **坐标系设定 F1** 键后，CRT 页面

进入坐标系设置显示画面，如图 6-10 所示，在菜单上选择要设置的坐标系

机床坐标系	
X	- 650.002
Y	- 300.000
Z	030.000
F	033.333

G54 坐标系 F1 / G55 坐标系 F2 / G56 坐标系 F3 / G57 坐标系 F4 / G58 坐标系 F5 / G59 坐标系 F6 / 工件 坐标系 F7

F1 F2 F3 F4 F5 F6 F7 ，然后将显示画面右上角  中的

X、Y、Z 值输入，按  Enter 键确认。

（10）坐标位置显示 在主菜单下，按压  显示切换 P9 键直到 CRT 页面出现坐标位置显示画面，如图 6-11 所示，其中包括工件坐标位置、相对坐标位置、机床坐标位置、剩余进给。

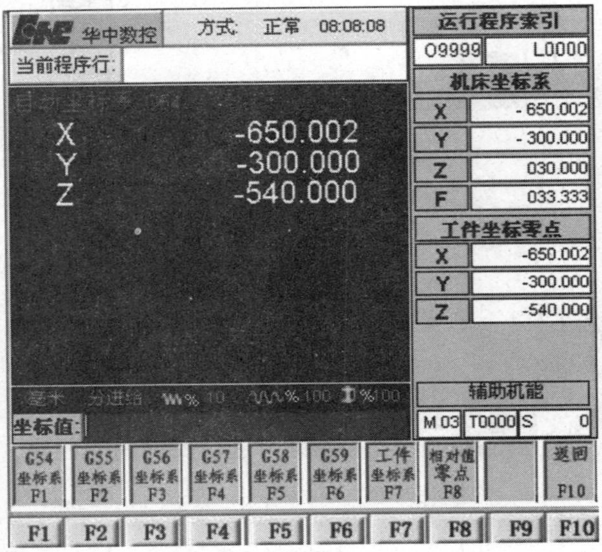

图 6-10 坐标系设置显示画面

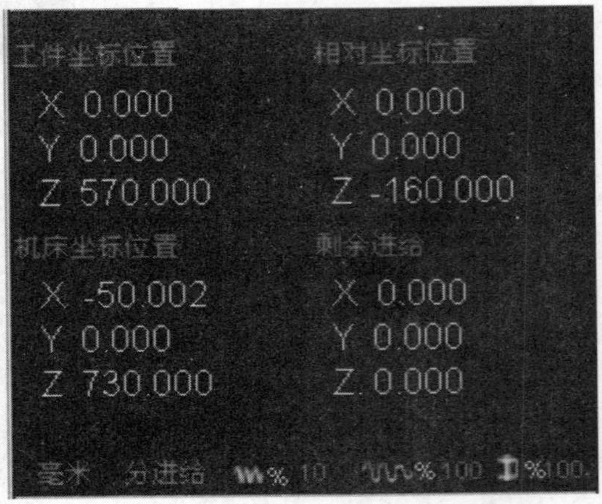

图 6-11 坐标位置显示画面

6.3 任务实施

6.3.1 零件分析

图 6-1 所示该零件主要以内轮廓、槽加工为主，零件主要有直线、圆弧曲线、直线与直线相交并倒圆角组成的轮廓。此外，该零件还有 3 个通孔。零件形状和尺寸要求有：外形四方轮廓 $72_{-0.03}^{0}$ mm，内轮廓（31 ± 0.03）mm、（31 ± 0.04）mm、$40_{0}^{+0.04}$ mm、$16_{-0.03}^{0}$ mm、深 $5_{0}^{+0.03}$ mm，平行度公差 0.04mm，零件的薄壁尺寸为（2 ± 0.03）mm，通孔 3 × φ10H8，内外轮廓侧面的表面粗糙度为 $Ra1.6\mu m$、底面的表面粗糙度值为 $Ra3.2\mu m$，其余表面的表面粗糙度值为 $Ra6.3\mu m$。零件的外形轮廓尺寸主要靠修正刀具半径补偿值来保证，零件的加工深度要通过对刀的精确度或改变编程尺寸来保证。例如内轮廓深度 $5_{0}^{+0.03}$ mm，在编写加工程

序时应把加工深度设定为 5.015mm，这样便于保证加工的深度要求。小孔的尺寸精度主要由刀具的规格大小来保证。

6.3.2 装夹方式分析

该零件的各表面已经加工过，在选择装夹方式时，应选择通用的机用平口钳来装夹（见图6-12），就可以既方便又准确地装夹工件。工件定位时，主要以底面和固定钳口面为定位基准面。在装夹工件时，用铜棒来轻敲工件表面，使工件基准面与定位基准面更好地贴合，以此来保证基准面更好定位。

提示：安装工件时应注意加工通孔的位置，以防刀具撞上垫块。轻敲工件时，避免工件表面出现伤痕。安装工件时，还应使工件高出钳口面尽量少一些，但必须保证满足工件的加工要求，一般取工件的1/3左右。

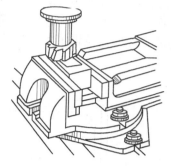

图6-12 机用平口钳装夹

工件准确固定位置以后，利用 X 向、Y 向、Z 向运动的单向运行或联动运行，控制刀具加工中进刀、退刀、轮廓逼近、孔成形等运动。在一次装夹中，完成零件所有的加工任务。避免二次装夹后不易保证零件的加工质量。

6.3.3 工序分析

工件加工顺序的安排直接影响到工件形位误差，也会影响加工的效率。为了满足工件的加工质量和加工效率，在安排工序时，要进行粗、精加工。粗加工时，应根据零件轮廓的要求尽量选择直径较大的刀具。精加工时，为更好地保证加工质量，要更换掉粗加工所使用的刀具，也就是粗、精加工分开进行，粗、精加工要选用不同的刀具。另外，为了更好地保证孔的中心距的要求，在加工孔之前应选择中心钻进行孔的定位加工。根据工件轮廓要求，综合考虑以上技术要求，首先选用 A3 中心钻钻中心定位孔，再用 ϕ9.8mm 麻花钻钻底孔，接下来用 ϕ12mm 立铣刀进行内、外轮廓的粗加工，加工内轮廓下刀时，以钻过的工艺孔为下刀点，然后选用 ϕ10mm 立铣刀进行外轮廓和内孔的精加工。最后用 ϕ10mm 铰刀来进行孔的精加工。

6.3.4 刀具及切削用量

对于高效率的金属切削机床加工来说，被加工材料、切削刀具、切削用量是三大要素，这些条件决定着加工时间、刀具寿命和加工质量。经济的、有效的加工方式，要求必须合理地选择切削条件。

1. 刀具的选择

选择刀具通常要考虑机床的加工能力、工序内容和工件材料等因素。数控加工不仅要求刀具的精度高、刚度好、寿命长，而且要求尺寸稳定、安装调整方便。在确定刀具的直径时，要根据加工零件的轮廓要素来选取，避免因刀具大小不合适而影响轮廓的加工质量。

2. 切削用量的选择

切削用量主要包括主轴转速（切削速度）、进给量（进给速度）和背吃刀量。切削用量的大小直接影响机床性能、刀具磨损、加工质量和生产率。数控加工中选择切削用量，就是在保证加工质量和刀具寿命的前提下，充分发挥机床性能和刀具切削性能，使切削效率最高，加工成本最低。

6.3.5　工件原点及基点计算

为了更好地满足加工要求，在选择坐标原点时要求零件的设计基准与定位基准统一，而且便于编写加工程序，几何对称图形的坐标原点一般建立在几何对称中心位置。因此，该零件的工件原点应设定为该加工表面的几何中心点，如图 6-13 所示。

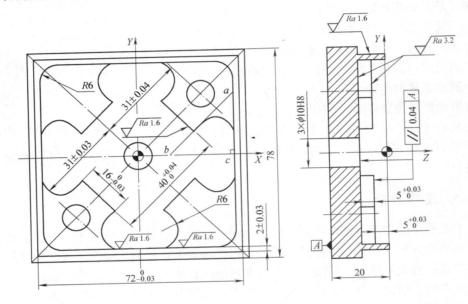

图 6-13　坐标系设定及基点计算

对于不能直接得出轮廓的基点坐标，需要进行求解，可以采用计算机绘图求解、列方程求解、几何三角函数求解等。采用计算机绘图求解操作方便，计算精度高，出错概率低。因此，这里利用 CAD 绘图求出基点的坐标。

根据图样中工件的有关几何尺寸，结合有效的编程指令，采用倒角和坐标系旋转指令编写加工程序，只要求得两轮廓的交点坐标即可编写程序。由于该零件图形对称，只求出一个基点的坐标表即可，通过延伸轮廓可得出交点坐标 a 点和 b 点（见图 6-13），通过绘图求得 a 点的坐标为（34，22.69），b 点的坐标为（11.31，0）。

6.3.6　数控加工卡片

经过对零件的工艺分析及切削用量的选用，制订出数控加工工序卡见表 6-3。

在数控加工中，应根据机床的加工能力、工件材料的性能、加工工序、切削用量以及其他相关因素正确选用刀具及刀柄。选择总的原则是：安装调整方便、刚性好、寿命长和精度高。在满足加工要求的前提下，尽量选择较短的刀柄，以提高刀具加工的刚性。数控刀具卡见表 6-4。

表6-3　数控加工工序卡

×××学院 ×××实训中心	数控加工工序卡		零件名称		零件图号		零件材料			
							45 钢			
工序号		夹具名称		夹具编号		使用设备	数控铣 HNC-21M　XK714			
工步号	加工内容	程序号	刀具名称	刀具规格/mm	长度补偿号	长度补偿值/mm	半径补偿号	半径补偿值/mm	主轴转速/(r/min)	进给速度/(mm/min)	切削深度/mm	加工余量/mm
1	3×φ10mm 定位孔	%0001	中心钻	A3	H01	实测			1200	20		
2	3×φ10mm 底孔	%0002	麻花钻	φ9.8	H02	实测			600	30		
3	粗铣外形	%0003	立铣刀	φ12	H03	实测	D03	6.2	600	80	5	0.2
4	粗铣四方槽	%0004	立铣刀	φ12	H03	实测	D03	6.2	600	80	5	0.2
5	粗铣内轮廓 40mm	%0005	立铣刀	φ12	H03	实测	D03	6.2	600	80	5	0.2
6	精铣外形	%0003	立铣刀	φ10	H04	实测	D04	5.0	700	60	10	
7	精铣四方槽	%0004	立铣刀	φ10	H04	实测	D04	5.0	700	60	10	
8	精铣内轮廓 40mm	%0005	立铣刀	φ10	H04	实测	D04	5.0	700	60	10	
9	3×φ10mm 孔	%0006	铰刀	φ10	H05	实测			150	40		
编制	×××	审核	×××		批准	×××		第　　页		共　　页		

表6-4　数控刀具卡

数控刀具卡		零件名称		零件图号			材料	45 钢
序号	刀具号	刀具					加工内容	刀具材料
		名称	规格/mm	数量	长度	半径/mm	换刀方式	
1	T01	中心钻	A3	1	实测		手动	3×φ10mm 中心孔	硬质合金
2	T02	麻花钻	φ9.8	1	实测		手动	3×φ10mm 底孔	高速钢
3	T03	立铣刀	φ12	1	实测	6	手动	粗铣内外轮廓	高速钢
4	T04	立铣刀	φ10	1	实测	5	手动	精铣内外轮廓	高速钢
5	T05	铰刀	φ10	1	实测		手动	3×φ10mm 孔	高速钢
编制	×××	审核	×××		批准	×××	第　　页	共　　页

6.3.7　华中世纪星参考程序

根据图样特点，确定工件零点为坯料上表面的对称中心，并通过对刀设定零点偏置 G54 工件坐标系。在编写加工程序时，要求进给路线要短，效率要高，要简化程序，有一定的编程技巧。

（1）钻 3×φ10mm 定位孔（中心孔）

加工程序	程序说明
%0001;	程序名
G54 G17 G80 G40 G90 G69 G15;	初始状态
G00 Z100 M03 S1200;	提刀到安全位置，起动主轴旋转
G68 X0 Y0 P45;	坐标系旋转45°
G99 G81 X－31 Y0 Z－6 R3 F20;	G81指令钻中心孔
X0;	钻第二个中心孔
G98 X31;	钻第三个中心孔
G80;	取消钻孔循环指令
G00 Z200 G69;	提刀到安全位置，取消坐标系旋转功能
M05;	主轴停止
M30;	程序结束

（2）钻3×ϕ10mm底孔（麻花钻）

加工程序	程序说明
%0002;	程序名
G54 G17 G80 G40 G90 G69 G15;	初始状态
G00 Z100 M03 S600;	提刀到安全位置，起动主轴旋转
G68 X0 Y0 P45;	坐标系旋转45°
G99 G81 X－30 Y0 Z－23 R3 F30;	G81指令钻底孔
X0;	钻第二个底孔
G98 X31;	钻第三个底孔
G80;	取消钻孔循环指令
G00 Z200 G69;	提刀到安全位置，取消坐标系旋转功能
M05;	主轴停止
M30;	程序结束

（3）外轮廓铣削（粗加工）

加工程序	程序说明
%0003;	程序名
G54 G17 G80 G40 G90 G69 G15;	初始状态
G00 Z100 M03 S600;	提刀到安全位置，起动主轴旋转
X－46 Y－46;	确定下刀位置
Z2;	快速接近工件
G01 Z0 F80;	进给到工件表面
M98 P0033 L2;	调用子程序%0033两次
G00 Z100;	提刀到安全位置
M05;	主轴停止
M30;	程序结束
%0033;	子程序名

G91　G01　Z－5；	增量进给下刀5mm
G90　G41　X－39　D03；	建立刀具左补偿
Y39；	直线进给
X39；	直线进给
Y－39；	直线进给
X－46；	直线进给
G40　Y－46；	取消刀具补偿
M99；	返回主程序

注：精加工程序参考该程序。

（4）粗铣四方槽（粗加工）

加工程序	程序说明
%0004；	程序名
G54　G17　G80　G40　G90　G69　G15；	初始状态
G0　Z100　M03　S600；	提刀到安全位置，起动主轴旋转
X0　Y0；	确定下刀位置
Z2；	快速接近工件
G01　Z－5　F80；	进给下刀
X5；	直线进给
Y5；	直线进给
X－5；	直线进给
Y－5；	直线进给
X5；	直线进给
Y0；	直线进给
X15；	直线进给
Y15；	直线进给
X－15；	直线进给
Y－15；	直线进给
X15；	直线进给
Y0；	直线进给
X25；	直线进给
Y25；	直线进给
X－25；	直线进给
Y－25；	直线进给
X25；	直线进给
Y0；	直线进给
G41　Y－9　D03；	建立刀具左补偿
G03　X34　Y0　R9；	圆弧切入
G01　Y34　R6；	直线进给，倒圆角
X－34　R6；	直线进给，倒圆角

6

PROJECT

Y－34　R6；	直线进给，倒圆角
X34　R6；	直线进给，倒圆角
Y0；	直线进给
G03　X25　Y9　R9；	圆弧切出
G01　G40　Y0；	取消刀具补偿
G00　Z200；	提刀到安全位置
M05；	主轴停止
M30；	程序结束

注：精加工程序参考该程序。

（5）粗铣内轮廓40mm（粗加工）

加工程序	程序说明
%0005；	程序名
G54　G17　G80　G40　G90　G69　G15；	初始状态
G00　Z100　M03　S600；	提刀到安全位置，起动主轴旋转
G68　X0　Y0　P45；	坐标系旋转45°
X0　Y0；	确定下刀位置
Z2；	快速接近工件
G01　Z－10　F80；	进给切削深度
X5；	直线进给
Y5；	直线进给
X－5；	直线进给
Y－5；	直线进给
X5；	直线进给
Y0；	直线进给
X0　Y0；	返回原点
G41　X－10　Y－10　D03；	建立刀具左补偿
G03　X0　Y－20　R10；	圆弧切入
G01　X8；	直线进给
G69；	取消旋转坐标系
X34　Y－22.69　R6；	直线进给，倒圆角
Y22.69　R6；	直线进给，倒圆角
G68　X0　Y0　P45；	坐标系旋转45°
X20；	直线进给
Y8；	直线进给
G69；	取消旋转坐标系
X22.69　Y34　R6；	直线进给，倒圆角
X－22.69　R6；	直线进给，倒圆角
G68　X0　Y0　P45；	坐标系旋转45°
Y20；	直线进给

6

PROJECT

X－8；	直线进给
G69；	取消旋转坐标系
X－34　Y22.69　R6；	直线进给，倒圆角
Y－22.69　R6；	直线进给，倒圆角
G68　X0　Y0　P45；	坐标系旋转45°
X－20；	直线进给
Y－8；	直线进给
G69；	取消旋转坐标系
X－22.69　Y－34　R6；	直线进给，倒圆角
X22.69　R6；	直线进给，倒圆角
G68　X0　Y0　P45；	坐标系旋转45°
Y－20；	直线进给
X0；	直线进给
G03　X10　Y－10　R10；	圆弧切出
G01　G40　X0　Y0；	取消刀具补偿
G00　Z200　G69；	提刀到安全位置
M05；	主轴停止
M30；	程序结束

注：精加工程序参考该程序。

（6）铰3×ϕ10mm孔（铰刀）

加工程序	程序说明
%0006；	程序名
G54　G17　G80　G40　G90　G69　G15；	初始状态
G0　Z100　M03　S150；	提刀到安全位置，起动主轴旋转
G68　X0　Y0　P45；	坐标系旋转45°
G99　G85　X－30　Y0　Z－23　R5　F40；	G85指令铰孔
X0；	铰第二个孔
G98　X31；	铰第三个孔
G80；	取消钻孔循环指令
G00　Z200；	提刀到安全位置
M05；	主轴停止
M30；	程序结束

6.3.8　FANUC 0i-MB 参考程序

（1）钻3×ϕ10mm定位孔（中心孔）

加工程序	程序说明
O0001	程序名
G54　G17　G80　G40　G90　G69　G15；	初始状态
G00　Z100　M03　S1200；	提刀到安全位置，起动主轴旋转

```
G68   X0   Y0   P45;                          坐标系旋转45°
G99   G81   X-31   Y0   Z-6   R3   F20;       G81指令钻中心孔
X0;                                            钻第二个中心孔
G98   X31;                                     钻第三个中心孔
G80;                                           取消钻孔循环指令
G00   Z200   G69;                              提刀到安全位置，取消坐标系旋转功能
M05;                                           主轴停止
M30;                                           程序结束
```

（2）钻3×φ10mm底孔（麻花钻）

```
加工程序                                        程序说明
O00002;                                        程序名
G54   G17   G80   G40   G90   G69   G15;       初始状态
G00   Z100   M03   S600;                       提刀到安全位置，起动主轴旋转
G68   X0   Y0   P45;                           坐标系旋转45°
G99   G81   X-30   Y0   Z-23   R3   F30;       G81指令钻底孔
X0;                                            钻第二个底孔
G98   X31;                                     钻第三个底孔
G80;                                           取消钻孔循环指令
G00   Z200   G69;                              提刀到安全位置，取消坐标系旋转功能
M05;                                           主轴停止
M30;                                           程序结束
```

（3）外轮廓铣削（粗加工）

```
加工程序                                        程序说明
O00003;                                        程序名
G54   G17   G80   G40   G90   G69   G15;       初始状态
G00   Z100   M03   S600;                       提刀到安全位置，起动主轴旋转
X-46   Y-46;                                   确定下刀位置
Z2;                                            快速接近工件
G01   Z0   F80;                                进给到工件表面
M98   P0033   L2;                              调用子程序O00033两次
G00   Z100;                                    提刀到安全位置
M05;                                           主轴停止
M30;                                           程序结束

O00033;                                        子程序名
G91   G01   Z-5;                               增量进给下刀5mm
G90   G41   X-39   D03;                        建立刀具左补偿
Y39;                                           直线进给
X39;                                           直线进给
```

Y-39；	直线进给
X-46；	直线进给
G40　Y-46；	取消刀具补偿
M99；	返回主程序

注：精加工程序参考该程序。

（4）粗铣四方槽（粗加工）

加工程序	程序说明
O0004；	程序名
G54　G17　G80　G40　G90　G69　G15；	初始状态
G00　Z100　M03　S600；	提刀到安全位置，起动主轴旋转
X0　Y0；	确定下到位置
Z2；	快速接近工件
G01　Z-5　F80；	进给下刀
X5；	直线进给
Y5；	直线进给
X-5；	直线进给
Y-5；	直线进给
X5；	直线进给
Y0；	直线进给
X15；	直线进给
Y15；	直线进给
X-15；	直线进给
Y-15；	直线进给
X15；	直线进给
Y0；	直线进给
X25；	直线进给
Y25；	直线进给
X-25；	直线进给
Y-25；	直线进给
X25；	直线进给
Y0；	直线进给
G41　Y-9　D03；	建立刀具左补偿
G03　X34　Y0　R9；	圆弧切入
Y34，R6；	直线进给，倒圆角
X-34，R6；	直线进给，倒圆角
Y-34，R6；	直线进给，倒圆角
X34，R6；	直线进给，倒圆角
Y0；	直线进给
G03　X25　Y9　R9；	圆弧切出

G01　G40　Y0；	取消刀具补偿
G00　Z200；	提刀到安全位置
M05；	主轴停止
M30；	程序结束

注：精加工程序参考该程序。

（5）粗铣内轮廓 40mm（粗加工）

加工程序	程序说明
O0005；	程序名
G54　G17　G80　G40　G90　G69　G15；	初始状态
G00　Z100　M03　S600；	提刀到安全位置，起动主轴旋转
G68　X0　Y0　P45；	坐标系旋转 45°
X0　Y0；	确定下刀位置
Z2；	快速接近工件
G01　Z-10　F80；	进给切削深度
X5；	直线进给
Y5；	直线进给
X-5；	直线进给
Y-5；	直线进给
X5；	直线进给
Y0；	直线进给
X0　Y0；	返回原点
G41　X-10　Y-10　D03；	建立刀具左补偿
G03　X0　Y-20　R10；	圆弧切入
G01　X8；	直线进给
G69；	取消旋转坐标系
X34　Y-22.69，R6；	直线进给，倒圆角
Y22.69，R6；	直线进给，倒圆角
G68　X0　Y0　P45；	坐标系旋转 45°
X20；	直线进给
Y8；	直线进给
G69；	取消旋转坐标系
X22.69Y34，R6；	直线进给，倒圆角
X-22.69，R6；	直线进给，倒圆角
G68　X0　Y0　P45；	坐标系旋转 45°
Y20；	直线进给
X-8；	直线进给
G69；	取消旋转坐标系
X-34　Y22.69，R6；	直线进给，倒圆角
Y-22.69，R6；	直线进给，倒圆角

G68　X0　Y0　P45；	坐标系旋转45°
X－20；	直线进给
Y－8；	直线进给
G69；	取消旋转坐标系
X－22.69　Y－34，R6；	直线进给，倒圆角
X22.69，R6；	直线进给，倒圆角
G68　X0　Y0　P45；	坐标系旋转45°
Y－20；	直线进给
X0；	直线进给
G03　X10　Y－10　R10；	圆弧切出
G01　G40　X0　Y0；	取消刀具补偿
G00　Z200.　G69；	提刀到安全位置
M05；	主轴停止
M30；	程序结束

注：精加工程序参考该程序。

（6）铰3×ϕ10mm孔（铰刀）

加工程序	程序说明
O0006；	程序名
G54　G17　G80　G40　G90　G69　G15；	初始状态
G00　Z100　M03　S150；	提刀到安全位置，起动主轴旋转
G68　X0　Y0　P45；	坐标系旋转45°
G99　G85　X－30　Y0　Z－23　R5　F40；	G85指令铰孔
X0；	铰第二个孔
G98　X31；	铰第三个孔
G80；	取消钻孔循环指令
G00　Z200；	提刀到安全位置
M05；	主轴停止
M30；	程序结束

6.3.9　试切加工

1. 检验程序

1）检查辅助指令 M、S 代码，检查 G01、G02、G03 指令是否用错或遗漏，平面选择指令 G17/G18/G19、刀具长度补偿指令 G49/G43/G44、刀具半径补偿指令 G40/G41/G42 使用是否正确，G90、G91、G80、G68、G69、G24、G25 等常用模态指令使用是否正确。

2）检查刀具长度补偿值、半径补偿值设定是否正确。

3）利用图形模拟检验程序，并进行修改。

2. 试切加工

1）工件、刀具装夹。

2）对刀并检验。

6

PROJECT

3）模拟检验程序。

4）设定好补偿值，把转速倍率调到合适位置，进给倍率调到最小，将冷却喷头对好刀具切削部位。

5）把程序调出，选择自动模式，按下"循环启动"键。

6）在确定下刀无误以后，选择合适的进给量。

7）机床在加工时要进行监控。

6.3.10　注意事项

1. 工件安装及程序检验

1）机用平口钳在工作台上要固定牢固，使用时检查机用平口钳的各个螺钉、螺母是否松动。

2）机用平口钳的固定面要与机床工作台的纵向平行。

3）工件安装时，工件的基准面要与机用平口钳的定位面贴合紧密。

4）在工件安装好以后，用百分表对各个面的垂直度和平行度进行检验。

5）建立工件坐标系以后，要检验工件的坐标原点。

6）检查对加工程序的F、S、T、M、H等辅助指令以及重要加工代码指令。

2. 加工操作要点

1）在执行自动运行开始时，要将进给倍率调整为最小范围，根据下刀的情况进行调整。

2）根据刀片的材料，在需要时加切削液或者采用风冷，但不能在刀具进行铣削时或刀具发热时进行冷却，这样容易损坏刀具。

3）切削用量的选用要合理，以免加工时进给过大，从而造成进给运动卡滞，机床不能运行。

4）在加工过程中如果发现缺少油液，应给予及时的补充，使加工顺利进行。

5）加工时，对刀具的轨迹和运行程序进行观察，比较正在加工的刀具轨迹和空运行程序时是否一致。

6）在加工过程中，要进行监控，严禁将机床的防护门打开，以免发生事故。

7）加工以后在机床上对工件进行检验，合格以后才能将工件卸下。

6.4　任务评价与总结提高

6.4.1　任务评价

本任务的考核标准见表6-5，本任务在该课程考核成绩中的比例为10%。

表6-5　考核标准

序号	工作过程	主要内容	建议考核方式	评分标准	配分
1	资讯（10分）	任务相关知识查找	教师评价50%相互评价50%	通过资讯查找相关知识学习，按任务知识能力掌握情况评分	15

（续）

序号	工作过程	主要内容	建议考核方式	评分标准	配分
2	决策 计划（10分）	确定方案、 编写计划	教师评价80% 相互评价20%	根据零件图样，选择工具、夹具、量具， 编写程序并加工零件	20
3	实施（10分）	格式正确、 应用合理、 合理性高	教师评价20% 自己评价30% 相互评价50%	根据零件图样，选择设备、工具、夹具、 刀具，编写程序并完成零件加工	30
4	任务总结报告 （60分）	记录实施 过程、步骤	教师评价100%	根据零件图样程序编制的任务分析、实 施、总结过程记录情况，提出新方法等情 况评分	15
5	职业素养、 团队合作 （10分）	工作积极主 动性，组织协 调与合作	教师评价30% 自己评价20% 相互评价50%	根据工作积极主动性以及相互协作情况 评分	20

　　成绩分试件得分和工艺与程序得分两部分。满分100分，其中试件得分最高70分，工艺与程序得分30分，现场操作不规范倒扣分。

　　现场得分成绩由现场老师按评分标准评定，试件得分成绩由老师根据试件检测结果，按评分标准评定。成绩评分标准见表6-6。

表 6-6　评 分 标 准

工 件 编 号		序号	考核内容		配分	评分标准	检测结果	得分
项目与配分						总　得　分		
工件质量 评分 （70%）	外方台	1	$72_{-0.03}^{0}$ mm	$Ra1.6\mu m$	8	超差0.01mm扣2分		
		2	10mm	$Ra6.3\mu m$	4	超差0.01mm扣1分		
	薄壁	3	(2 ± 0.03) mm	$Ra1.6\mu m$	12	超差0.01mm扣2分		
		4	$5_{0}^{+0.03}$ mm	$Ra3.2\mu m$	4	超差0.01mm扣1分		
		5	$4\times R6$ mm	$Ra1.6\mu m$	4	不合格不得分		
	内十字槽	6	$40_{0}^{+0.04}$ mm	$Ra1.6\mu m$	8	超差0.01mm扣2分		
		7	$16_{-0.03}^{0}$ mm	$Ra1.6\mu m$	5	超差0.01mm扣1分		
		8	$5_{0}^{+0.03}$ mm	$Ra3.2\mu m$	3	超差0.01mm扣1分		
		9	$8\times R6$ mm	$Ra1.6\mu m$	6	不合格不得分		
		10	平行度公差 0.04mm		6	不合格不得分		
	孔	11	(31 ± 0.03) mm		2	超差0.01mm扣1分		
		12	(31 ± 0.04) mm		2	超差0.01mm扣1分		
		13	$3\times\phi10$H8	$Ra6.3\mu m$	6	不合格不得分		
程序与工艺 （30%）		14	程序正确合格		10	出错一处扣2分		
		15	加工工艺卡片		20	不合理一处扣5分		

6

PROJECT

（续）

工件编号				总　得　分		
项目与配分	序号	考核内容	配分	评分标准	检测结果	得分
机床操作	16	机床操作规范	扣	出错一次扣2分		
（倒扣分）	17	工件、刀具使用	扣	出错一次扣2分		
安全文明操作	18	安全操作	扣	一次事故扣5分		
（倒扣分）	19	机床保养	扣	不整理机床扣8分		
合　　计						

6.4.2　任务总结

通过该任务的练习，学生能够根据零件图样的技术要求制订该零件的加工工艺，进行设备、工具、夹具、刀具的选择，确定最佳的进给工艺路线，以保证在加工时得到更好的零件加工质量；并能根据加工工艺的制订过程来编写加工程序，程序的编写要简化，正确率高；在加工零件时能合理地选择切削用量，同时可通过修改补偿量来提高加工效率及零件的加工质量。在加工过程中强调加工质量，在零件质量的基础上来提高加工效率。

6.4.3　练习与提高

1. 试在数控铣床上完成图6-14所示零件的编程与加工（已知材料为45钢，毛坯尺寸为 $\phi100mm \times 20mm$）。要求：零件的各加工技术要求符合图样要求。

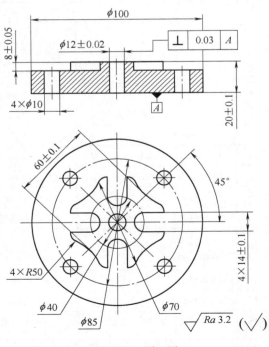

图6-14　题1图

2. 试在数控铣床上完成图 6-15 所示零件的编程与加工（已知材料为 45 钢，毛坯尺寸为 100mm × 100mm × （30 ± 0.03）mm）。要求：零件的各加工技术要求符合图样要求。

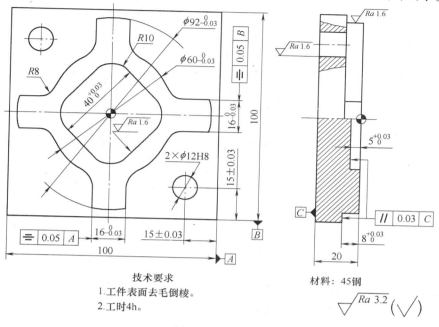

技术要求
1. 工件表面去毛倒棱。
2. 工时4h。

材料：45钢

图 6-15　题 2 图

3. 试在数控铣床上完成图 6-16 所示零件的编程与加工（已知材料为 45 钢，毛坯尺寸为 80mm × 80mm × （20 ± 0.03）mm）。要求：零件的各加工技术要求符合图样要求。

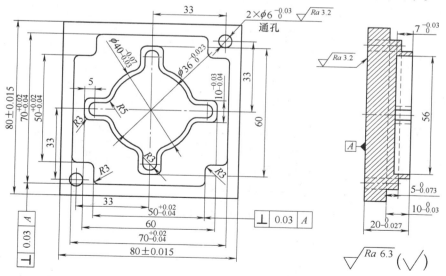

图 6-16　题 3 图

4. 试在数控铣床上完成图 6-17 所示零件的编程与加工（已知材料为 45 钢，毛坯尺寸为 100mm × 100mm × （21 ± 0.03）mm）。要求：零件的各加工技术要求符合图样要求。

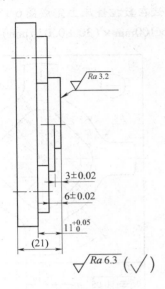

图 6-17　题 4 图

5. 试在数控铣床上完成图 6-18 所示工件的编程与加工（已知材料为 45 钢，毛坯尺寸为 100mm × 100mm × (20 ± 0.03) mm）。要求：零件的各加工技术要求符合图样要求。

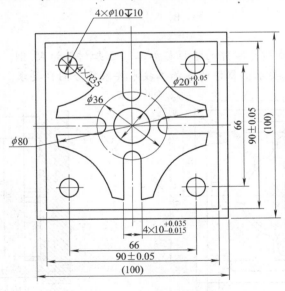

图 6-18　题 5 图

7.1 任务描述及目标

试在数控铣床上完成图 7-1 所示综合零件的编程与加工（已知材料为 45 钢，毛坯为半成品件，零件各表面均已磨削加工，尺寸为 $90_{-0.054}^{0}$ mm × $90_{-0.054}^{0}$ mm × (20 ± 0.016) mm。

要求：零件的加工质量要符合图样各加工技术要求。

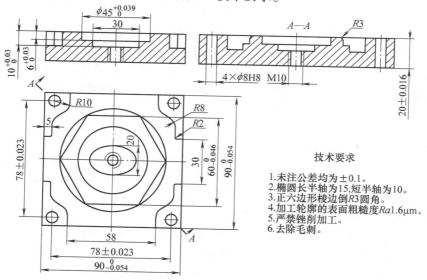

图 7-1 综合零件

通过本任务内容的学习，学生能够根据零件图样的技术要求，分析图样，合理选择加工设备、工具、量具、刀具、附具等，熟练编写加工程序，合理选择切削用量，最后完成零件的加工，并进行零件的检测。

7.2 任务资讯

7.2.1 数控铣削加工特点

1）对零件加工的适应性强、灵活性好，能加工轮廓形状特别复杂或难以控制尺寸的零件，如模具类、壳体类零件等。

2）能加工普通机床无法加工或很难加工的零件，如用数学模型描述的复杂曲线类零件以及三维空间曲面类零件。

3）能加工一次装夹定位后需进行多道工序加工的零件，如可对零件进行钻、扩、镗、铰、攻螺纹、铣端面、挖槽等多道工序的加工。

4）加工精度高，加工质量稳定可靠。

5）生产自动化程度高，生产率高。

6）从切削原理上讲，端铣和周铣都属于断续切削方式，不像车削那样连续切削，因此对刀具的要求较高，刀具应具有良好的抗冲击性、韧性和耐磨性。在干式切削状况下，还要求刀具具有良好的热硬性。

7.2.2 零件几何尺寸的处理方法

数控加工程序是以准确的坐标点为基础来编制的，零件图中各几何元素间的相互关系（如相切、相交、垂直和平行等）应明确，各种几何元素的条件要充分，应无引起矛盾的多余尺寸或者影响工序安排的封闭尺寸等。例如，如图7-2所示，由于零件轮廓各处尺寸公差带不同，那么用同一把铣刀、同一个刀具半径补偿值编程加工时，就很难同时保证各处尺寸在尺寸公差范围内。这时要对其尺寸公差带进行调整，一般采取的方法是：在保证零件极限尺寸不变的前提下，在编程计算时，改变轮廓尺寸并移动公差带，如图7-2中括号内的尺寸，编程时按调整后的基本尺寸进行，这样，在精加工时用同一把刀，采用相同的刀补值，如工艺系统稳定又不存在其他系统误差，则可以保证加工工件的实际尺寸分布中心与公差带中心重合，保证加工精度。

7.2.3 刀具半径补偿修调

刀具半径补偿除方便编程外，还可灵活运用，实现利用同一程序进行粗、精加工，即

粗加工刀具半径补偿 = 刀具半径 + 精加工余量

精加工刀具半径补偿 = 刀具半径 + 修正量

刀具半径补偿如图7-3所示，刀具为 $\phi20\text{mm}$ 立铣刀，现零件粗加工后给精加工留余量单边 1.0mm，则粗加工刀具半径补偿 D01 的值为

$$R_{补} = R + 1.0 = (10.0 + 1.0)\text{mm} = 11.0\text{mm}$$

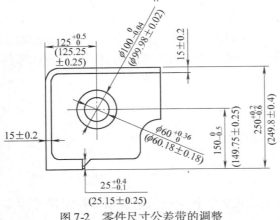

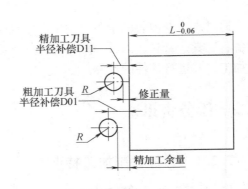

图 7-2　零件尺寸公差带的调整　　　　　　图 7-3　刀具半径补偿

粗加工后实测 L 尺寸为 $L+1.98$，要加工到的尺寸为 $L-0.06\text{mm}/2$，则多余量为

$$[L+1.98\text{mm}-(L-0.06\text{mm}/2)]/2 = (1.98+0.03)\text{mm}/2$$

则精加工刀具半径补偿 D11 值应为

$$R_{补} = 11.0\text{mm}-(1.98+0.03)\text{mm}/2 = 9.995\text{mm}$$

则加工后工件实际 L 值为 $L-0.03$。

7.2.4　椭圆极角的计算

椭圆可以用标准方程表示，也可以用参数方程表示。采用参数方程编制程序时，要清楚地知道椭圆的极角 θ 的变化值。但图样上给定的角度一般不是编程所需要的极角值，这个在编写程序的时候需要注意。极角的表示方法如图 7-4 所示。

以椭圆中心为圆心，分别以椭圆长半轴 a 和短半轴 b 为半径作辅助圆。E 点为椭圆上的任意一点，G、F 为过 E 点分别作 X 轴、Y 轴平行线与辅助圆的交点。在编写程序中需要知道椭圆曲线上"点"的位置，必须知道该点的极角，根据椭圆参数方程 $x=a\cos\theta$，$y=b\sin\theta$，即可算出椭圆曲线上"点"的位置。很明显，该图中 E 点正确的坐标值 $x=a\cos56°$，$y=b\sin56°$，图样上所标注的 $45°$ 并不是真正意义上的极角，而是 $56°$。如果图样上没有给定极角时，用参数方程进行反推即可，$\theta=\arccos(x/a)$，$\theta=\arcsin(y/b)$。

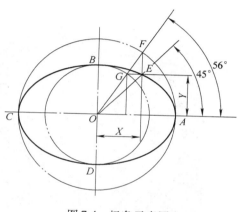

图 7-4　极角示意图

注意 A、B、C、D 四个点为椭圆上的特殊点。

7.2.5　球头铣刀

球头铣刀的端面不是平面，而是带切削刃的球面，按刀体形状可分为圆柱形球头铣刀和圆锥形球头铣刀，一般小曲面加工采用整体式球头铣刀（见图 7-5）。球头铣刀主要用于模具产品的曲面加工，在加工曲面时，一般采用三坐标联动，铣削时不仅能沿轴向做进给运动，也能沿径向做进给运动，而且球头与工件接触往往为一点，这样，该铣刀在数控铣床的控制下，就能加工出各种复杂的成形表面。球头铣刀运动方式具有多样性，可根据刀具性能和曲面特点选择或设计。

图 7-5　整体式球头铣刀

7.2.6　合理选用切削液

用高速钢刀具粗加工时，以水溶液冷却，主要降低切削温度；精加工时，采用中、低速切削加工，选用润滑性能好的极压切削油或高浓度的极压乳化液，主要改善已加工表面的质量和提高刀具使用寿命。用硬质合金刀具粗加工时，采用低浓度的乳化液或水溶液，必须连续地、充分地浇注；精加工时采用的切削液与粗加工时基本相同，但应适当提高其润滑性能。在铣削过程中充分使用切削液不仅减小了切削力，刀具的寿命也得到延长，工件表面粗

7

PROJECT

糙度值也降低了，同时工件不受切削热的影响而发生加工尺寸和几何精度变化，零件的加工质量得以保证。

7.2.7 FANUC 0i 数控铣床操作

1. 机床数控系统操作面板操作

数控系统操作面板由 CRT 显示器和 MDI 键盘两部分组成，其中显示屏主要用来显示相关坐标位置、程序、图形、参数、诊断、报警等信息，而 MDI 键盘包括字母键、数字键以及功能按键等，可以进行程序、参数、机床指令的输入及系统功能的选择。

FANUC 0i 数控铣床系统操作面板如图 7-6 所示，可分为以下几个部分：

①CRT 显示器。

②MDI 键盘。

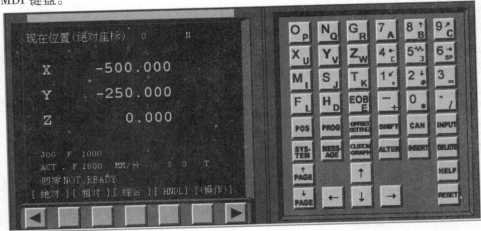

图 7-6　数控铣床系统操作面板

CRT 显示器和 MDI 键盘上各键功能见表 7-1。

表 7-1　CRT 显示器和 MDI 键盘上各键功能

MDI 键盘各键	功　能
↑PAGE ↓PAGE	键 PAGE↑实现左侧 CRT 中显示内容的向上翻页；键 PAGE↓实现左侧 CRT 显示内容的向下翻页
↑ ← ↓ →	移动 CRT 中的光标位置。键 ↑实现光标的向上移动；键 ↓实现光标的向下移动；键 ←实现光标的向左移动；键 →实现光标的向右移动
O N G X Y Z M S T F H EOB	实现字符的输入，单击 SHIFT 键后再单击字符键，将输入右下角的字符。例如，单击 O_P 键，在 CRT 的光标所处位置输入 "O" 字符，单击键 SHIFT 后再单击 O_P 键，在光标所处位置处输入 "P" 字符；单击键 "EOB" 键，输入 ";" 号，表示换行结束

（续）

MDI 键盘各键	功　　能
7 8 9 4 5 6 1 2 3 — 0 ·	实现字符的输入，例如，单击软键 5，在光标所在位置输入 "5" 字符；单击键 SHIFT 后再单击 5 键，在光标所在位置处输入 "]" 符号
POS	在 CRT 中显示坐标值
PROG	CRT 进入程序编辑和显示界面
OFFSET SETING	CRT 进入参数补偿显示界面
SYS-TEM	系统参数显示界面
MESS-AGE	机床报警显示界面
CUSTOM GRAPH	在自动运行状态下将数控显示切换至轨迹模式
SHIFT	输入字符切换键
CAN	删除单个字符
INPUT	将数据域中的数据输入到指定的区域
ALTER	字符替换
INSERT	将输入域中的内容输入到指定区域
DELETE	删除一段字符
HELP	本软件不支持
RESET	机床复位

2. 机床控制面板操作

机床控制面板位于数控系统操作面板的下方，如图 7-7 所示，主要用于控制机床的运动和选择机床运行状态，由机床操作模式选择旋钮、数控程序运行控制开关等多个部分组成。

7

PROJECT

图 7-7　机床控制面板

（1）工作方式　具体各工作方式的功能见表 7-2。

表 7-2　各工作方式的功能

⟨图标⟩	进入编辑模式，用于直接通过操作面板输入数控程序和编辑程序
⟨图标⟩	进入自动加工模式。可自动执行存储在数控机床里的加工程序
⟨图标⟩	进入 MDI 模式，手动输入并执行指令
⟨图标⟩	手动方式，工作台连续移动
⟨图标⟩	手轮移动方式，手摇脉冲发生器生效
⟨图标⟩	手动快速模式，工作台快速移动
⟨图标⟩	回零模式
⟨图标⟩	进入 DNC 模式，程序在线加工

（2）手动进给速度倍率开关（见图 7-8）　以 JOG 手动或自动操作各轴的移动时，可通过调整此开关来改变各轴的移动速度。在 JOG 手动移动各轴时，其移动速度等于外圈所对应值乘以 3；在自动操作运行时，其移动速度等于内圈百分数乘以编程进给速度 F。

（3）手摇脉冲发生器（见图 7-9）　在手轮操作方式（HAN-DLE）下，通过图 7-10 中的手轮轴选择旋钮与手轮轴倍率旋钮（×1、×10、×100 分别表示一个脉冲移动 0.001mm、0.010mm、0.100mm），旋转手摇脉冲发生器，可运行选定的坐标轴。

图 7-8　手动进给速度倍率开关

图7-9　手摇脉冲发生器

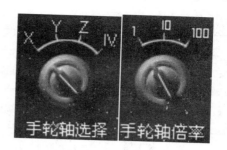

图7-10　选择坐标轴与倍率旋钮

（4）快速进给速率调整按钮　快速进给速率调整按钮在对自动及手动运转时的快速进给速度进行调整时使用，具体内容见表7-3。

表7-3　快速进给速率调整按钮

按钮	F0	25	50	100
对应的速度	195mm/min	1995mm/min	3998mm/min	7995mm/min
使用场合	执行 G00、G28、G30、快速进给、返回参考点			

（5）主轴倍率选择开关（见图7-11）　自动或手动操作主轴时，旋转主轴倍率选择开关可调整主轴的转速。

（6）进给轴选择按钮开关（见图7-12）　JOG方式下，按下欲运动轴的按钮，被选择的轴会以JOG倍率进行移动，松开按钮则轴停止移动。

（7）紧急停止按钮（见图7-13）　运动中遇到危急的情况时，立即按下此按钮，机床将立即停止所有动作；欲解除时，顺时针方向旋转此按钮（切不可往外硬拽，以免损坏此按钮），即可恢复待机状态。

图7-11　主轴倍率选择开关

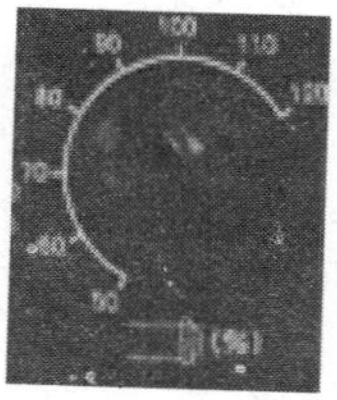

图7-12　进给轴选择按钮

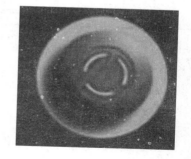

图7-13　紧急停止按钮

（8）按钮操作功能　操作功能的具体内容见表7-4。

表7-4　操作功能

序　号	符　号	功能说明
1	 ▣	单段执行：选择此状态，每按下一次启动键程序执行一段
2	 ▣	选跳程序段：选择此按键，在自动运行时，跳过程序段开头带有/和用（;）结束的程序段
3	 ▣	M01 选择程序停止：在自动运行时，遇到程序中的 M01 时，则停止进给运动，即程序暂停

（续）

序　号	符　号	功能说明
4	➡	空运行：快速运行程序进行程序检验
5	🔀	程序试运行：锁住机床进行程序演示运行
6	▯	循环启动：按下此按键程序开始自动运行加工
7	▣	循环停止：按下此按键程序停止运行操作
8	▣	M00 程序停止：在自动运行时，遇到程序中的 M00 时，则停止进给运动，即程序暂停，此时指示灯亮
9	辅助功能锁住	辅助功能锁住：在自动方式下，按下此按键，各轴不移动，只在屏幕上显示坐标值的变化，M、S、T 等辅助代码不能输出，并不能执行
10	Z 轴锁住	Z 轴闭锁：在自动方式下，按下此按键，则指示灯点亮，此时机床的 Z 坐标轴进入锁住状态，不能运动，再按一次，则指示灯熄灭，该坐标轴被重新释放，可以移动
11	手动绝对输入	手动绝对输入：当选择此按钮时，手动移动的坐标不加到原有的坐标值中，一般不应选择此功能
12	🔲 主轴正转 🔲 主轴停止 🔲 主轴反转	主轴正转：使主轴电动机正方向旋转 主轴停止：使主轴电动机停止旋转 主轴反转：使主轴电动机反方向旋转

7

7.3　任务实施

7.3.1　零件分析

图 7-1 所示零件为典型零件，加工内容较多，主要有台阶面、外轮廓、内轮廓、孔、螺纹等多种加工项目。零件尺寸要素有：六边形 $60_{-0.046}^{0}$ mm、深 $6_{0}^{+0.03}$ mm、六边形倒角 $R3$ mm、圆孔 $\phi45_{0}^{+0.039}$ mm、深 $6_{0}^{+0.03}$ mm，椭圆槽长半轴 15mm、短半轴 10mm、槽深 $10_{0}^{+0.03}$ mm，螺纹通孔 M10、通孔 $4 \times \phi8$ H8、孔的中心距（78 ± 0.023）mm，四个曲线凸台 $R10$ mm。有些尺寸没有直接给出，如与六边形相接的圆形凸台，需要通过计算得出其尺寸。零件图中所有没有标注公差要求的尺寸，其公差要求均为 ±0.1mm，零件各轮廓侧面的表面粗糙度值为 $Ra1.6\mu m$。通过零件图样的分析可知，该零件精度要求较高，有些轮廓需要采用变量编程。为满足零件的形状尺寸要求，这里将利用修正刀具半径补偿值来保证，零件的加工深度要通过对刀的精确度或改变编程尺寸来保证。例如内轮廓深度为 $6_{0}^{+0.03}$ mm，在编写加工程序时应把加工深度设定为 6.015mm，这样便于保证加工的深度要求。对于精度要求较高的大孔，粗加工采用螺旋铣削方式加工，精加工采用镗削加工，小孔的尺寸精度主要由铰刀的规格大

小来保证。

7.3.2　装夹方式分析

零件的 6 个基准面均已加工。另外，零件的所有加工内容都在一个加工面上，所以在选择装夹方式时，应选择通用的机用平口钳来进行装夹（见图 6-12），这样就可以方便而准确地装夹工件。工件定位时，主要以底面和固定钳口面为定位面；在装夹工件时，用铜棒轻敲工件表面，使工件的基准面与定位基准面更好地贴合，以此来保证基准面更好地定位。

注意：在安装工件采用垫块支撑时，注意 4 × ϕ8H8 通孔和 M10 螺纹孔的位置，以防刀具撞上垫块。轻敲工件时，避免工件表面出现伤痕。在安装工件时，应使工件高出钳口面尽量少一些，但必须保证满足工件的加工要求，一般取工件的 1/3 左右。

7.3.3　工序分析

工件加工顺序的安排直接影响到工件形位误差，也会影响加工效率。为了满足工件的加工质量和加工效率，在安排工序时，要进行粗、精加工，且粗、精加工分开进行，选用不同的刀具。另外，为了更好地保证孔的中心距的要求，在加工孔之前应选择中心钻进行孔的定位加工。根据工件轮廓要求，综合考虑以上技术要求，首先选用 ϕ12mm 立铣刀螺旋粗铣 ϕ45mm 孔、椭圆槽和六边形，选一把 ϕ8mm 立铣刀粗铣四个曲线凸台 R10mm 和六边形的外接圆，接下来用 A3 中心钻钻所有中心定位孔，用 ϕ8.5mm 麻花钻钻螺纹底孔，用 ϕ7.8mm 麻花钻钻 4 × ϕ8H8 底孔，然后用 M10 丝锥攻螺纹，用 ϕ8mm 铰刀铰削 4 × ϕ8H8 孔，选择一把 ϕ8mm 立铣刀进行内、外轮廓的精加工，选用一把 ϕ5mm 球头铣刀来进行六边形倒角，最后精镗 ϕ45mm 孔。

7.3.4　刀具及切削用量

对于高效率的金属切削机床加工来说，被加工材料、切削刀具、切削用量是三大要素。这些条件决定着加工时间、刀具寿命和加工质量。经济的、有效的加工方式，要求必须合理地选择切削条件。

1. 刀具的选择

选择刀具通常要考虑机床的加工能力、工序内容和工件材料等因素。数控加工不仅要求刀具的精度高、刚度好、寿命长，而且要求尺寸稳定、安装调整方便。在选择刀具直径时，要根据在加工轮廓时是否会干涉其他轮廓等因素确定。在满足要求的情况下，尽量减少刀具的使用数量。

2. 切削用量的选择

粗加工时，主要考虑机床进给机构和刀具的强度、刚度等限制因素，根据零件的材料、刀具尺寸和已确定的背吃刀量，选择进给速度。

半精加工和精加工时，主要考虑零件的精度、表面粗糙度、工件和刀具的材料性能等因素的影响。工件表面粗糙度值越小，进给速度也越小；工件材料的硬度越高，进给速度越低；工件、刀具的刚度和强度越低时，进给速度应选较小值。工件表面的加工余量大时，切削进给速度应低一些。反之，工件的加工余量小时，切削进给速度应高一些。

7.3.5 工件原点及基点计算

为了更好地满足加工要求，在选择坐标原点时要求零件的设计基准与定位基准统一，而且便于编写加工程序，几何对称图形的坐标原点一般建立在几何对称中心位置。因此，该零件的工件坐标原点应设定为该加工表面的几何中心（见图7-14）。

对于不能直接得出轮廓的基点坐标，需要进行求解，可以采用计算机绘图求解、列方程求解、几何三角函数求解等。采用计算机绘图求解，操作方便，计算精度高，出错概率少。因此，这里利用CAD绘图求出基点的坐标。

根据工件图中的有关几何尺寸，结合有效的编程指令，利用CAD软件绘图求得必需的基点坐标，如图7-14所示。

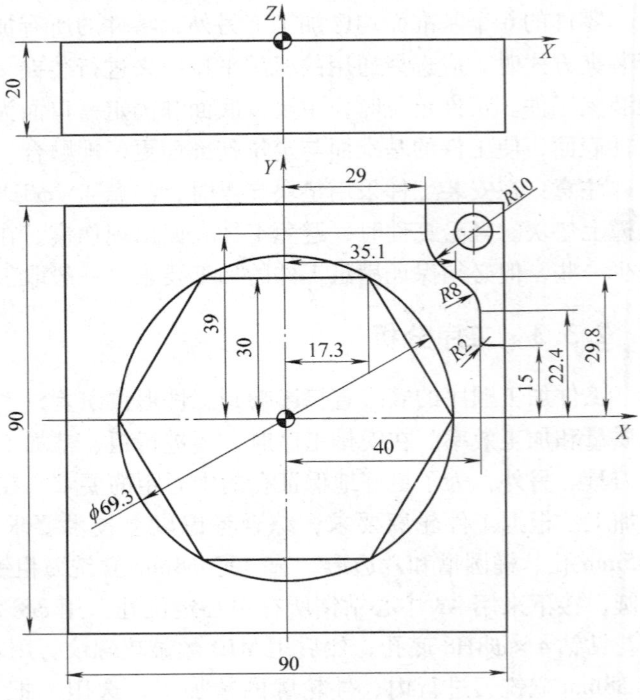

图7-14 工件原点及基点计算

7.3.6 数控加工卡片

经过对零件的工艺分析及刀具切削用量的选用，制订出数控加工工序卡，见表7-5。

表7-5 数控加工工序卡

×××学院 ×××实训中心		数控加工工序卡		零件名称		零件图号		零件材料 45 钢	
工序号			夹具名称		夹具编号		使用设备	数控铣 HNC-21M	XK713
工步号	加工内容	程序号	刀具名称	刀具规格/mm	长度补偿号	长度补偿值/mm	半径补偿号	半径补偿值/mm	主轴转速/(r/min)	进给速度/(mm/min)	切削深度/mm	加工余量/mm

工步号	加工内容	程序号	刀具名称	刀具规格/mm	长度补偿号	长度补偿值/mm	半径补偿号	半径补偿值/mm	主轴转速/(r/min)	进给速度/(mm/min)	切削深度/mm	加工余量/mm
1	粗铣 ϕ45mm 圆孔	%0001	立铣刀	ϕ12	H01	实测			600	80	2	0.2
2	粗铣椭圆槽	%0002	立铣刀	ϕ12	H01	实测			600	80	4	0.2
3	粗铣六边形	%0003	立铣刀	ϕ12	H01	实测	D01	6.2	600	80	3	0.2
4	粗铣四个 R10mm 凸台	%0004	立铣刀	ϕ8	H02	实测	D02	4.2	700	60	2	0.2
5	粗铣六边形外接圆	%0005	立铣刀	ϕ8	H02	实测	D02	4.2	700	60	4	0.2
6	钻 ϕ8mm、M10 中心孔	%0006	中心钻	A3	H03	实测			1200	20		
7	钻 M10 螺纹底孔	%0007	麻花钻	ϕ8.5	H04	实测			650	30		
8	钻 $4 \times \phi$8H8 底孔	%0008	麻花钻	ϕ7.8	H05	实测			700	30		0.1

（续）

×××学院 ×××实训中心	数控加工工序卡		零件名称		零件图号		零件材料		
工序号		夹具名称		夹具编号		使用设备		45 钢 数控铣 HNC-21M　XK713	
工步号	加工内容	程序号	刀具名称	刀具规格/mm	长度补偿号	长度补偿值/mm	半径补偿号	半径补偿值/mm	主轴转速/(r/min)	进给速度/(mm/min)	切削深度/mm	加工余量/mm
9	攻 M10 螺纹	%0009	丝锥	M10	H06	实测			50	75		
10	铰 4×φ8H8 孔	%0010	铰刀	φ8	H07	实测			200	50		
11	精铣椭圆槽	%0002	立铣刀	φ8	H08	实测	D08	4.0	800	60	4	
12	精铣六边形	%0003	立铣刀	φ8	H08	实测	D08	4.0	800	60	6	
13	精铣四个 R10mm 凸台	%0004	立铣刀	φ8	H08	实测	D08	4.0	800	60	10	
14	精铣六边形外接圆	%0005	立铣刀	φ8	H08	实测	D08	4.0	800	60	4	
15	六边形 R3mm 圆角	%0011	球头铣刀	φ5	H09	实测	D09	2.5	1500	500	0.02	
16	精镗 φ45mm 圆孔	%0012	精镗刀	φ45	H10	实测			400	50		
编制	×××	审核	×××	批准		×××		第　页	共　页			

在数控加工中，应根据机床的加工能力、工件材料的性能、加工工序、切削用量以及其他相关因素正确选用刀具及刀柄。选择总的原则是：安装调整方便、刚性好、寿命长和精度高。在满足加工要求的前提下，尽量选择较短的刀柄，以提高刀具加工的刚性。数控刀具卡见表7-6。

表7-6　数控刀具卡

数控刀具卡		零件名称			零件图号		材料	45 钢
序号	刀具号	刀　具					加工内容/mm	刀具材料
		名称	规格/mm	数量	长度	半径/mm	换刀方式	
1	T01	立铣刀	φ12	1	实测	6.0	手动	粗铣椭圆、六边形	高速钢
2	T02	立铣刀	φ8	1	实测	4.0	手动	粗铣凸台、外接圆	高速钢
3	T03	中心钻	A3	1	实测		手动	φ8mm、M10 中心孔	硬质合金
4	T04	麻花钻	φ8.5	1	实测		手动	M10 螺纹底孔	高速钢
5	T05	麻花钻	φ7.8	1	实测		手动	4×φ8H8 底孔	高速钢
6	T06	丝锥	M10	1	实测		手动	M10 螺纹孔	高速钢
7	T07	铰刀	φ8	1	实测		手动	4×φ8H8 孔	高速钢
8	T08	立铣刀	φ8	1	实测	4.0	手动	精铣内外轮廓侧面	高速钢
9	T09	球头铣刀	φ5	1	实测	2.5	手动	精铣六边形倒角 R3	高速钢
10	T10	精镗刀	φ45	1	实测		手动	精镗 φ45mm 圆孔	硬质合金
编制	×××	审核		×××	批准	×××	第　页	共　页

7

PROJECT

7.3.7 华中世纪星参考程序

根据工件图样的特点，确定工件零点为坯料上表面的对称中心，并通过对刀设定零点偏置 G54 工件坐标系。在编写加工程序时，要求刀具的路线要短，效率要高，要简化程序，有一定编程技巧。

（1）粗铣 ϕ45mm 圆孔（粗加工）

加工程序	程序说明
%0001；	程序名
G54 G17 G80 G40 G90 G69 G15；	初始状态
G00 Z100 M03 S600；	提刀到安全位置,起动主轴旋转
X5 Y0；	确定下刀位置
Z2；	快速接近工件
G01 Z0 F80；	进给下刀
G03 I－5 Z－2；	螺旋进给
I－5 Z－4；	螺旋进给
I－5 Z－6；	螺旋进给
I－5；	整圆铣削
G01 Z0；	提刀至工件表面
X15；	直线进给
G03 I－16.3 Z－2；	螺旋进给
I－16.3 Z－4；	螺旋进给
I－16.3 Z－6；	螺旋进给
I－16.3；	整圆铣削
G01 Z2；	提刀至工件表面
G00 Z200；	提刀到安全位置
M05；	主轴停止
M30；	程序结束

（2）粗铣椭圆槽

加工程序	程序说明
%0002；	程序名
G54 G17 G80 G40 G90 G69 G15；	初始状态
G00 Z100 M03 S600；	提刀到安全位置,起动主轴旋转
#1＝15；	长半轴
#2＝10；	短半轴
#3＝6.2；	刀具半径补偿值
#4＝#1－#3；	刀具中心长半轴
#5＝#2－#3；	刀具中心短半轴
#6＝#4－0.2；	下刀点
#8＝0；	初始变量值

X[−#6] Y0;	折线下刀进给
Z2;	折线下刀进给
G01 Z−6 F40;	折线下刀进给
X[#6] Z−8;	折线下刀进给
X[−#6] Z−10;	折线下刀进给
X[#6] F80;	折线下刀进给
WHILE[#8 LE 2*PI];	断判语句
G01 X[#4*COS[#8]] Y[#5*SIN[#8]];	逼近椭圆形成
#8=#8+PI/180;	循环计算
EDNW;	终止语句
G00 Z200;	提刀到安全位置
M05;	主轴停止
M30;	程序结束

注：精铣轮廓参考该程序。

（3）粗铣六边形

加工程序	程序说明
%0003;	程序名
G54 G17 G80 G40 G90 G69 G15;	初始状态
G00 Z100 M3 S600;	提刀到安全位置,起动主轴旋转
X0 Y−55;	确定下刀位置
Z2;	快速接近工件
G01 Z0 F80;	进给下刀工件表面
M98 P0033 L2;	调用子程序
G00 Z100;	提刀到安全位置
M05;	主轴停止
M30;	程序结束
%0033;	子程序名
G91 G01 Z−3;	增量进给下刀
G90 G41 X10 Y−40 D01;	刀具半径左补偿
G03 X0 Y−30 R10;	圆弧切入
G01 X−17.3;	直线进给
X−34.65 Y0;	直线进给
X−17.3 Y30;	直线进给
X17.3;	直线进给
X34.65 Y0;	直线进给
X17.3 Y−30;	直线进给
X0;	直线进给
G03 X−10 Y−40 R10;	圆弧切出

7

PROJECT

G01　G40　X0　Y-55；	取消刀具补偿
M99；	返回主程序

注：精铣轮廓参考该程序。

（4）粗铣四个 R10mm 凸台

加工程序	程序说明
%0004；	程序名
G54　G17　G80　G40　G90　G69　G15；	初始状态
G0　Z100　M03　S700；	提刀到安全位置,起动主轴旋转
X50　Y10；	确定下刀位置
Z10；	快速接近工件
G01　Z7　F60；	进给下刀
M98　P0044　L2；	调用子程序
G90　G00　Z7；	提刀
G24　X0；	镜像第二象限
M98　P0044　L2；	调用子程序
G90　G00　Z7；	提刀
G24　Y0；	镜像第三象限
M98　P0044　L2；	调用子程序
G90　G00　Z7；	提刀
G25　X0；	镜像第四象限
M98　P0044　L2；	调用子程序
G25　Y0；	取消镜像
G00　Z200；	提刀到安全位置
M05；	主轴停止
M30；	程序结束
%0044；	子程序名
G90　G00　X50　Y10；	确定下刀点
G91　G01　Z-12　F60；	增量进给下刀
G90　G41　Y15　D02；	刀具半径左补偿
X40　R2；	直线进给并倒角
Y22.4；	直线进给
G03　X35.1　Y29.8　R8；	圆弧进给
G02　X29　Y39　R10；	圆弧进给
G01　Y50；	直线进给
G40　X24；	取消半径补偿
G91　G00　Z7；	增量进给提刀
M99；	返回主程序

注：精铣轮廓参考该程序。

（5）粗铣六边形外接圆

加工程序	程序说明
%0005；	程序名
G54　G17　G80　G40　G90　G69　G15；	初始状态
G00　Z100　M03　S700；	提刀到安全位置，起动主轴旋转
X50　Y0；	确定下刀位置
Z2；	快速接近工件
G01　Z-10　F60；	进给下刀
G41　X45　Y10.35　D02；	刀具半径左补偿
G03　X34.65　Y0　R10.35；	圆弧切入
G02　I-34.65；	铣整圆
G03　X45　Y-10.35　R10.35；	圆弧切出
G01　G40　X50　Y0；	取消刀具补偿
G00　Z200；	提刀到安全位置
M05；	主轴停止
M30；	程序结束

注：精铣轮廓参考该程序。

（6）钻 $\phi8mm$、M10 中心孔

加工程序	程序说明
%0006；	程序名
G54　G17　G80　G40　G90　G69　G15；	初始状态
G00　Z100.　M03　S1200；	提刀到安全位置,起动主轴旋转
G99　G81　X0　Y0　Z-6.　R3.　F20；	G81 指令钻中心孔
X-39.　Y39.；	钻中心孔
X39.；	钻中心孔
Y-39.；	钻中心孔
G98　X-39；	钻中心孔
G80；	取消钻孔循环指令
G00　Z200.；	提刀到安全位置
M05；	主轴停止
M30；	程序结束

（7）钻 M10 螺纹底孔

加工程序	程序说明
%0007；	程序名
G54　G17　G80　G40　G90　G69　G15；	初始状态
G00　Z100　M03　S650；	提刀到安全位置，起动主轴旋转
G98　G81　X0　Y0　Z-23　R3　F30；	G81 指令钻底孔
G80；	取消钻孔循环指令
G00　Z200；	提刀到安全位置

M05；主轴停止
M30；程序结束

（8）钻 4×φ8H8 底孔

加工程序	程序说明
%0008；	程序名
G54 G17 G80 G40 G90 G69 G15；	初始状态
G00 Z100 M03 S700；	提刀到安全位置，起动主轴旋转
G99 G81 X-39 Y39 Z-23 R3 F30；	G81 指令钻底孔
X39；	钻底孔
Y-39；	钻底孔
G98 X-39；	钻底孔
G80；	取消钻孔循环指令
G00 Z200；	提刀到安全位置
M05；	主轴停止
M30；	程序结束

（9）攻 M10 螺纹

加工程序	程序说明
%0009；	程序名
G54 G17 G80 G40 G90 G69 G15；	初始状态
G00 Z100 M03 S50；	提刀到安全位置，起动主轴旋转
G98 G84 X0 Y0 Z-23 R3 F30；	G84 指令攻螺纹
G80；	取消钻孔循环指令
G00 Z200；	提刀到安全位置
M05；	主轴停止
M30；	程序结束

（10）铰 4×φ8H8 孔

加工程序	程序说明
%0010；	程序名
G54 G17 G80 G40 G90 G69 G15；	初始状态
G00 Z100 M03 S200；	提刀到安全位置，起动主轴旋转
G99 G85 X-39 Y39 Z-23 R3 F50；	G85 指令铰孔
X39；	铰孔
Y-39；	铰孔
G98 X-39；	铰孔
G80；	取消钻孔循环指令
G00 Z200；	提刀到安全位置
M05；	主轴停止
M30；	程序结束

（11）六边形 R3mm 圆角

加工程序	程序说明
%0011；	程序名
G54　G17　G80　G40　G90　G69　G15；	初始状态
G00　Z100　M03　S600；	提刀到安全位置,起动主轴旋转
X50　Y0；	确定下刀位置
Z10；	快速接近工件
#1 = 0；	初始值
#2 = 2. 5；	刀具半径
#3 = 3；	倒角半径
#4 = #2 + #3；	计算
WHILE[#1 LE PI/2]；	
#109 = #4 * SIN[#1] − #3；	计算刀补值
#5 = #4 * COS[#1] − #3；	计算 Z 向步进量
G41　X45　Y10. 35　D109；	刀具半径左补偿
G3　X34. 65　Y0　R10. 35；	圆弧切入
G2　I − 34. 65；	铣整圆
G3　X45　Y − 10. 35　R10. 35；	圆弧切出
G01　G40　X50　Y0；	取消刀具补偿
#1 = #1 + PI/180；	
ENDW；	
G00　Z200；	提刀到安全位置
M05；	主轴停止
M30；	程序结束

（12）精镗 ϕ45mm 圆孔

加工程序	程序说明
%0012；	程序名
G54　G17　G80　G40　G90　G69　G15；	初始状态
G00　Z100　M03　S400；	提刀到安全位置,起动主轴旋转
G98　G76　X0　Y0　Z − 6　R5　F50；	G76 指令镗孔
G80；	取消钻孔循环指令
G00　Z200；	提刀到安全位置
M05；	主轴停止
M30；	程序结束

7. 3. 8　FANUC 0i-MB 参考程序

（1）粗铣 ϕ45mm 圆孔（粗加工）

加工程序	程序说明
O0001；	程序名
G54　G17　G80　G40　G90　G69　G15；	初始状态

```
G00  Z100  M03  S600;                        提刀到安全位置，起动主轴旋转
X5   Y0;                                      确定下刀位置
Z2;                                           快速接近工件
G01  Z0  F80;                                 进给下刀
G03  I - 5   Z - 2;                           螺旋进给
I - 5   Z - 4;                                螺旋进给
I - 5   Z - 6;                                螺旋进给
I - 5;                                        整圆铣削
G01  Z0;                                      提刀至工件表面
X15;                                          直线进给
G03  I - 16. 3   Z - 2;                       螺旋进给
I - 16. 3   Z - 4;                            螺旋进给
I - 16. 3   Z - 6;                            螺旋进给
I - 16. 3;                                    整圆铣削
G01  Z2;                                      提刀至工件表面
G00  Z200;                                    提刀到安全位置
M05;                                          主轴停止
M30;                                          程序结束
```

（2）粗铣椭圆槽

```
加工程序                                       程序说明
O00002;                                       程序名
G54  G17  G80  G40  G90  G69  G15;            初始状态
G00  Z100  M03  S600;                         提刀到安全位置，起动主轴旋转
#1 = 15;                                      长半轴
#2 = 10;                                      短半轴
#3 = 6. 2;                                    刀具半径补偿值
#4 = #1 - #3;                                 刀具中心长半轴
#5 = #2 - #3;                                 刀具中心短半轴
#6 = #4 - 0. 2;                               下刀点
#8 = 0;                                       初始变量值
X[ - #6]   Y0;                                折线下刀进给
Z2;                                           折线下刀进给
G01  Z - 6  F40;                              折线下刀进给
X[ #6]   Z - 8;                               折线下刀进给
X[ - #6]   Z - 10;                            折线下刀进给
X[ #6]  F80;                                  折线下刀进给
N1  G01  [#4 * COS[#8]]  Y[#5 * SIN[#8]];     逼近椭圆形成
#8 = #8 + 1;                                  循环计算
IF[#8  LE  360]  GOTO1;                       判断语句
```

```
G00    Z200;                              提刀到安全位置
M05;                                      主轴停止
M30;                                      程序结束
```
注：精铣轮廓参考该程序。
（3）粗铣六边形

加工程序	程序说明

```
O0003;                                    程序名
G54  G17  G80  G40  G90  G69  G15;        初始状态
G00   Z100   M03   S600;                  提刀到安全位置，起动主轴旋转
X0   Y－55;                               确定下刀位置
Z2;                                       快速接近工件
G01   Z0   F80;                           进给下刀工件表面
M98  P0033  L2;                           调用子程序
G00   Z100;                               提刀到安全位置
M05;                                      主轴停止
M30;                                      程序结束
O0033;                                    子程序名
G91   G01   Z－3;                         增量进给下刀
G90   G41   X10   Y－40   D01;            刀具半径左补偿
G03   X0   Y－30   R10;                   圆弧切入
G01   X－17.3;                            直线进给
X－34.65   Y0;                            直线进给
X－17.3   Y30;                            直线进给
X17.3;                                    直线进给
X34.65   Y0;                              直线进给
X17.3   Y－30;                            直线进给
X0;                                       直线进给
G03   X－10   Y－40   R10;                圆弧切出
G01   G40   X0   Y－55;                   取消刀具补偿
M99;                                      返回主程序
```
注：精铣轮廓参考该程序。
（4）粗铣四个R10mm凸台

加工程序	程序说明

```
O0004;                                    程序名
G54  G17  G80  G40  G90  G69  G15;        初始状态
G00   Z100.   M03   S700;                 提刀到安全位置，起动主轴旋转
X50   Y10;                                确定下刀位置
Z10;                                      快速接近工件
G01   Z7   F60;                           进给下刀
```

M98 P0044 L2；	调用子程序
G90 G00 Z7；	提刀
G51.1 X0 I – 1000；	镜像第二象限
M98 P0044 L2；	调用子程序
G90 G00 Z7；	提刀
G51.1 Y0 J – 1000；	镜像第三象限
M98 P0044 L2；	调用子程序
G90 G00 Z7；	提刀
G50.1 X0 I1000；	镜像第四象限
M98 P0044 L2；	调用子程序
G50.1 Y0 J1000；	取消镜像
G00 Z200；	提刀到安全位置
M05；	主轴停止
M30；	程序结束
O0044；	子程序名
G90 G00 X50 Y10；	确定下刀点
G91 G01 Z – 12；	增量进给下刀
G90 G41 Y15 D02；	刀具半径左补偿
X40，R2；	直线进给并倒角
Y22.4；	直线进给
G03 X35.1 Y29.8 R8；	圆弧进给
G02 X29 Y39 R10；	圆弧进给
G01 Y50；	直线进给
G40 X24；	取消半径补偿
G91 G00 Z7；	增量进给提刀
M99；	返回主程序

注：精铣轮廓参考该程序。

（5）粗铣六边形外接圆

加工程序	程序说明
O0005；	程序名
G54 G17 G80 G40 G90 G69 G15；	初始状态
G00 Z100. M03 S600；	提刀到安全位置，起动主轴旋转
X50 Y0；	确定下刀位置
Z2；	快速接近工件
G01 Z – 10 F60；	进给下刀
G41 X45 Y10.35 D02；	刀具半径左补偿
G03 X34.65 Y0 R10.35；	圆弧切入
G02 I – 34.65；	铣整圆
G03 X45 Y – 10.35 R10.35；	圆弧切出

G01　G40　X50　Y0;	取消刀具补偿
G00　Z200;	提刀到安全位置
M05;	主轴停止
M30;	程序结束

注：精铣轮廓参考该程序。

（6）钻 ϕmm8、M10 中心孔

加工程序	程序说明
O0006;	程序名
G54　G17　G80　G40　G90　G69　G15;	初始状态
G00　Z100　M03　S1200;	提刀到安全位置，起动主轴旋转
G99　G81　X0　Y0　Z-6　R3　F20;	G81 指令钻中心孔
X-39　Y39;	钻中心孔
X39;	钻中心孔
Y-39;	钻中心孔
G98　X-39;	钻中心孔
G80;	取消钻孔循环指令
G00　Z200;	提刀到安全位置
M05;	主轴停止
M30;	程序结束

（7）钻 M10 螺纹底孔

加工程序	程序说明
O0007;	程序名
G54　G17　G80　G40　G90　G69　G15;	初始状态
G00　Z100　M03　S650;	提刀到安全位置，起动主轴旋转
G98　G81　X0　Y0　Z-23　R3　F30;	G81 指令钻底孔
G80;	取消钻孔循环指令
G00　Z200;	提刀到安全位置
M05;	主轴停止
M30;	程序结束

（8）钻 4-ϕ8H8 底孔

加工程序	程序说明
O0008;	程序名
G54　G17　G80　G40　G90　G69　G15;	初始状态
G00　Z100　M03　S700;	提刀到安全位置，起动主轴旋转
G99　G81　X-39　Y39　Z-23　R3　F30;	G81 指令钻底孔
X39;	钻底孔
Y-39;	钻底孔
G98　X-39;	钻底孔
G80;	取消钻孔循环指令

G00　Z200;	提刀到安全位置
M05;	主轴停止
M30;	程序结束

（9）攻 M10 螺纹

加工程序	程序说明
O00009;	程序名
G54　G17　G80　G40　G90　G69　G15;	初始状态
G00　Z100　M03　S50;	提刀到安全位置，起动主轴旋转
G98　G84　X0　Y0　Z−23　R3　F30;	G84 指令攻螺纹
G80;	取消钻孔循环指令
G00　Z200;	提刀到安全位置
M05;	主轴停止
M30;	程序结束

（10）铰 4×ϕ8H8 孔

加工程序	程序说明
O00010;	程序名
G54　G17　G80　G40　G90　G69　G15;	初始状态
G00　Z100　M03　S200;	提刀到安全位置，起动主轴旋转
G99　G85　X−39　Y39　Z−23　R3　F50;	G85 指令铰孔
X39;	铰孔
Y−39;	铰孔
G98　X−39;	铰孔
G80;	取消钻孔循环指令
G00　Z200;	提刀到安全位置
M05;	主轴停止
M30;	程序结束

（11）六边形 R3mm 圆角

加工程序	程序说明
O00011;	程序名
G54　G17　G80　G40　G90　G69　G15;	初始状态
G00　Z100　M03　S600;	提刀到安全位置，起动主轴旋转
X50　Y0;	确定下刀位置
Z10;	快速接近工件
#1=0;	初始值
#2=2.5;	刀具半径
#3=3;	倒角半径
#4=#2+#3;	计算
N1　#13009=#4*SIN[#1]−#3;	计算刀补值
#5=#4*COS[#1]−#3;	计算 Z 向步进量

```
G41   X45   Y10.35   D09;                     刀具半径左补偿
G03   X34.65   Y0   R10.35;                   圆弧切入
G02   I-34.65;                                铣整圆
G03   X45   Y-10.35   R10.35;                 圆弧切出
G01   G40   X50   Y0;                         取消刀具补偿
#1 = #1 + 1;
IF[#1   LE   90]   GOTO1;
G00   Z200;                                   提刀到安全位置
M05;                                          主轴停止
M30;                                          程序结束
```

（12）精镗 ϕ45mm 圆孔

```
加工程序                                      程序说明
O0012;                                        程序名
G54   G17   G80   G40   G90   G69   G15;      初始状态
G00   Z100   M03   S400;                      提刀到安全位置，起动主轴旋转
G98   G76   X0   Y0   Z-6   R5   F50;         G76 指令镗孔
G80;                                          取消钻孔循环指令
G00   Z200;                                   提刀到安全位置
M05;                                          主轴停止
M30;                                          程序结束
```

7.3.9 试切加工

1. 检验程序

1）检查辅助指令 M、S 代码，检查 G01、G02、G03 指令是否用错或遗漏，平面选择指令 G17/G18/G19、刀具长度补偿指令 G49/G43/G44、刀具半径补偿指令 G40/G41/G42 使用是否正确，G90、G91、G80、G68、G69、G24、G25 等常用模态指令使用是否正确。

2）检查刀具长度补偿值，半径补偿值设定是否正确。

3）利用图形模拟检验程序，并进行修改。

2. 试切加工

1）工件、刀具装夹。

2）对刀并检验。

3）模拟检验程序。

4）设定好补偿值，把转速倍率调到合适位置，进给倍率调到最小，将冷却喷头对好刀具切削部位。

5）把程序调出，选择自动模式，按下"循环启动"键。

6）在确定下刀无误以后，选择合适的进给量。

7）机床在加工时要进行监控。

7.3.10 注意事项

1）刀具的路线要短，空进给尽量少。

7

PROJECT

2）优化程序，使其尽量短。

3）采用坐标旋转指令时，完成切削后要注意取消坐标旋转，再进行下一步动作，否则会产生误切。

4）选择合适的固定循环指令进行攻螺纹。

5）在钻螺纹底孔时，选用与螺纹小径尺寸相一致的钻头钻螺纹底孔，因此在编程前先查国标，确定 M12 螺纹底孔的尺寸为 $\phi10.5$mm。

6）要注意螺纹的旋向与机床主轴转向的关系，特别是加工左螺纹时，要记住此时主轴是反向转动。

7）螺纹加工时主轴的转速和进给速度要与螺纹螺距一致。本任务中零件螺纹孔的螺距为 1.5mm，所以主轴转速设为 50r/min，进给速度设为 1.5×50mm/min = 75mm/min。

7.4　任务评价与总结提高

7.4.1　任务评价

本任务的考核标准见表 7-7，本任务在该课程考核成绩中的比例为 10%。

表 7-7　考 核 标 准

序号	工作过程	主要内容	建议考核方式	评分标准	配分
1	资讯（10分）	任务相关知识查找	教师评价50% 相互评价50%	通过资讯查找相关知识学习，按任务知识能力掌握情况评分	15
2	决策计划（10分）	确定方案、编写计划	教师评价80% 相互评价20%	根据零件图样，选择工具、夹具、量具，编写程序并加工零件	20
3	实施（10分）	格式正确、应用合理、合理性高	教师评价20% 自己评价30% 相互评价50%	根据零件图样，选择设备、工具、夹具、刀具，编写程序并完成零件加工	30
4	任务总结报告（60分）	记录实施过程、步骤	教师评价100%	根据零件图样程序编制的任务分析、实施、总结过程记录情况，提出新方法等情况评分	15
5	职业素养、团队合作（10分）	工作积极主动性，组织协调与合作	教师评价30% 自己评价20% 相互评价50%	根据工作积极主动性以及相互协作情况评分	20

成绩分试件得分和工艺与程序得分两部分，满分 100 分，其中试件得分最高 70 分，工艺与程序得分 30 分，现场操作不规范倒扣分。

现场得分成绩由现场老师按评分标准评定，试件得分成绩由老师根据试件检测结果，按评分标准评定。成绩评分标准见表 7-8。

表7-8 评 分 标 准

工件编号					总得分			
项目与配分		序号	考核内容		配分	评分标准	检测结果	得分
工件质量评分（70%）	曲线台	1	$R2$mm、$R8$mm、$R10$mm	$Ra1.6\mu$m	8	不合格不得分		
		2	58mm、30mm、5mm	$Ra1.6\mu$m	6	超差0.01mm扣2分		
		3	$10^{+0.03}_{0}$mm	$Ra3.2\mu$m	3	超差0.01mm扣1分		
	六边形	4	外接圆	$Ra1.6\mu$m	5	超差0.01mm扣2分		
		5	$60^{0}_{-0.046}$mm	$Ra1.6\mu$m	5	超差0.01mm扣1分		
		6	$6^{+0.03}_{0}$mm	$Ra3.2\mu$m	2	超差0.01mm扣1分		
		7	$10^{+0.03}_{0}$mm	$Ra3.2\mu$m	2	超差0.01mm扣1分		
		8	$R3$mm	$Ra3.2\mu$m	6	不合格不得分		
	内十字槽	9	$\phi45^{+0.039}_{0}$mm	$Ra1.6\mu$m	5	超差0.01mm扣1分		
		10	内椭圆	$Ra1.6\mu$m	12	不合格不得分		
		11	$6^{+0.03}_{0}$mm	$Ra3.2\mu$m	2	超差0.01mm扣1分		
		12	$10^{+0.03}_{0}$mm	$Ra3.2\mu$m	3	超差0.01mm扣1分		
	螺纹	13	M10	$Ra3.2\mu$m	3	不合格不得分		
	孔	14	(78 ± 0.023)mm		2	不合格不得分		
		15	$4\times\phi8H8$	$Ra1.6\mu$m	6	超差0.01mm扣1分		
程序与工艺（30%）		16	程序正确合格		10	出错一处扣2分		
		17	加工工艺卡片		20	不合理一处扣5分		
机床操作（倒扣分）		18	机床操作规范		扣	出错一次扣2分		
		19	工件、刀具使用		扣	出错一次扣2分		
安全文明操作（倒扣分）		20	安全操作		扣	一次事故扣5分		
		21	机床保养		扣	不整理机床扣8分		
合 计								

7.4.2 任务总结

通过该任务的练习，学生能够根据零件图样的技术要求制订该零件的加工工艺，进行设备、工具、夹具、刀具的选择，确定最佳的进给工艺路线，以保证在加工时得到更好的零件加工质量；并能根据加工工艺的制订过程来编写加工程序，程序的编写要简化，正确率高；在加工零件时能合理地选择切削用量，同时可通过修改补偿量，以提高加工效率及零件的加工质量。在加工过程中安全第一，强调加工质量，在零件质量的基础上来提高加工效率。

7

PROJECT

7.4.3　练习与提高

1. 试在数控铣床上完成图7-15所示综合零件的编程与加工（已知材料为45钢，毛坯为半成品件，零件各表面均已磨削加工，尺寸为100mm×100mm×19mm）。要求：零件的加工质量要符合图样各加工技术要求。

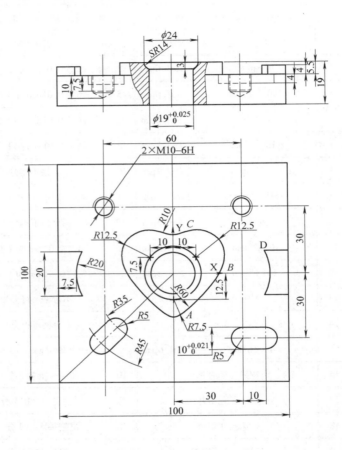

图7-15　题1图

2. 试在数控铣床上完成图7-16所示综合零件的编程与加工（已知材料为45钢，毛坯为半成品件，零件各表面均已磨削加工，尺寸为150mm×120mm×25mm）。要求：零件的加工质量要符合图样各加工技术要求。

3. 试在数控铣床上完成图7-17所示综合零件的编程与加工（已知材料为45钢，毛坯为半成品件，零件各表面均已磨削加工，尺寸为160mm×118mm×40mm）。要求：零件的加工质量要符合图样各加工技术要求。

4. 试在数控铣床上完成图7-18所示综合零件的编程与加工（已知材料为45钢，毛坯为半成品件，零件各表面均已磨削加工，尺寸为160mm×120mm×40mm）。要求：零件的加工质量要符合图样各加工技术要求。

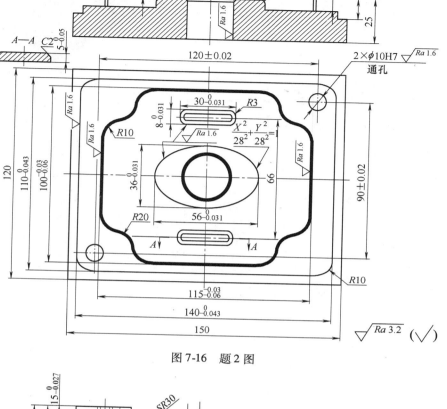

图 7-16 题 2 图

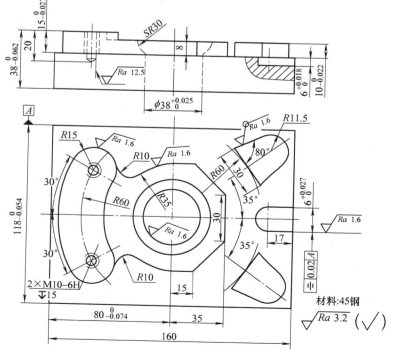

图 7-17 题 3 图

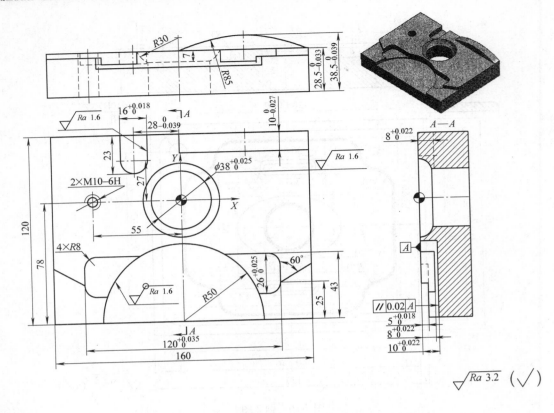

图 7-18　题 4 图

8.1 任务描述及目标

　　已知件 1 毛坯尺寸为 180mm × 180mm × 42mm，件 2 毛坯尺寸为 180mm × 180mm × 18mm，毛坯材料为 45 钢调质，25 ~ 32HRC。配合件及零件图如图 8-1 所示，根据图样及技术要求来完成零件的加工。

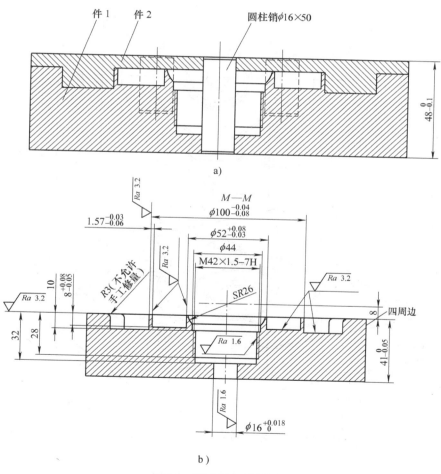

图 8-1　配合件与零件图
a）配合件　b）件 1

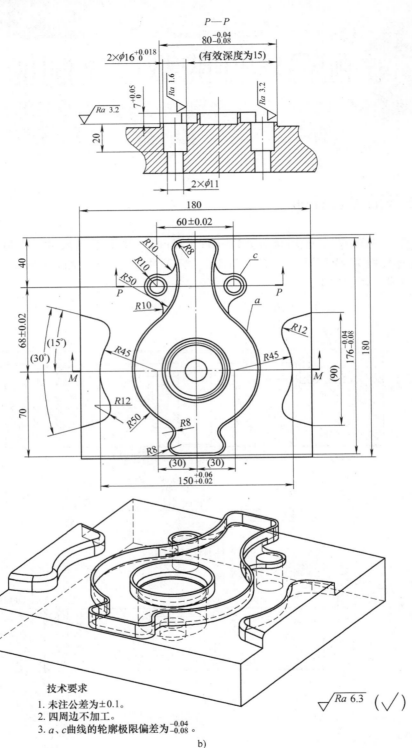

技术要求

1. 未注公差为±0.1。
2. 四周边不加工。
3. a、c曲线的轮廓极限偏差为 $-0.04 \atop -0.08$。

b)

图 8-1　装配与零件图（续一）

b）件 1

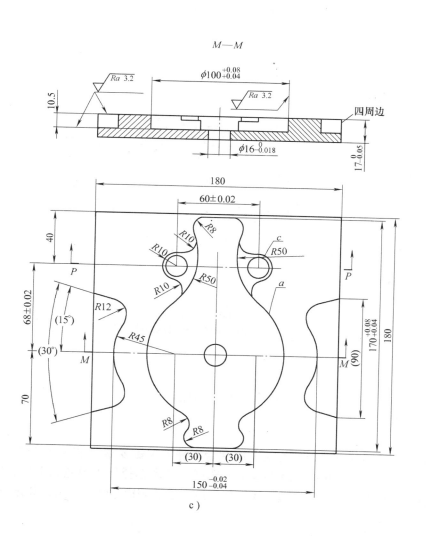

图 8-1　装配与零件图（续二）

c）件 2

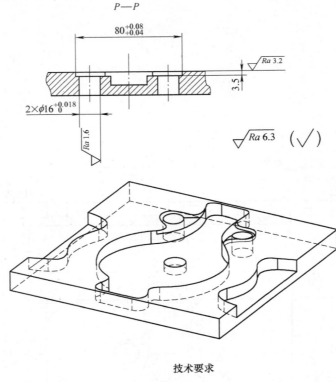

技术要求

1. 未注公差为±0.1。
2. 四周边不加工。
3. a、c曲线的轮廓极限偏差为$^{+0.08}_{+0.04}$。

c)

图8-1　装配与零件图（续三）
c）件2

通过本任务内容的学习，学生能了解配合零件的关键要素，掌握配合件加工的工艺知识；能够根据配合零件图样的技术要求分析图样，合理选择加工设备、工具、量具、刀具、附具等；熟练编写加工程序，合理选择切削用量，最后完成零件的加工，并进行零件的配合检测。

8.2　任务资讯

8.2.1　表面质量对零件使用性能的影响

（1）对零件耐磨性的影响　零件的耐磨性和材料、热处理、零件接触面的表面粗糙度有关。两个零件接触时，实质上只是两个零件接触面积上的一些凸峰互相接触。零件表面粗糙度越大，磨损越快，但如果零件的表面粗糙度小于合理值，则由于摩擦面之间润滑油被挤出而形成干摩擦，反而使损坏加快。实验证明，最佳的表面粗糙度值大致为 $Ra0.3 \sim$

1.2μm。另外，零件表面有冷作硬化层或经淬硬，也可提高零件的耐磨性。

（2）对零件疲劳强度的影响 当残余应力为拉应力时，在拉应力作用下，零件表面的裂纹扩大，零件的疲劳强度降低，产品的使用寿命减少。相反，残余压应力可以延缓疲劳裂纹的扩展，提高零件的疲劳强度。

（3）对零件配合性质的影响 在间隙配合中，如果配合表面粗糙，磨损后会使配合间隙增大，改变原配合性质。在过盈配合中，如果配合表面粗糙，则装配后表面的凸峰将被挤平，而使有效过盈减小，降低配合的可靠性。

8.2.2 进给路线的确定

确定进给路线时，要在保证零件获得良好的加工精度和表面质量的前提下，力求计算容易，进给路线短，空进给时间少。进给路线的确定与工件表面状况、零件表面质量要求、机床进给机构的间隙、刀具寿命以及零件轮廓形状等有关。确定进给路线主要考虑以下几个方面：

1）铣削零件表面时，要选用正确的铣削方式。

2）进给路线尽量短，以减少加工时间。

3）进刀、退刀位置应选在零件不太重要的部位，并且使刀具沿零件的切线方向进刀、退刀，以避免产生刀痕。在铣削内表面轮廓时，切入、切出无法外延，铣刀只能沿法线方向切入和切出，此时，切入、切出点应选在零件轮廓的两个几何元素的交点上。

4）先加工外轮廓，后加工内轮廓。

8.2.3 对刀具的基本要求

（1）铣刀刚性要好 要求铣刀刚性要好的原因有二：一是为提高生产率而采用大切削用量的需要；二是为适应数控铣床加工过程中难以调整切削用量的特点。

（2）铣刀的寿命长 尤其是当一把铣刀加工的内容很多时，如刀具不耐用而磨损较快，不仅会影响零件的表面质量与加工精度，而且会增加换刀引起的调刀与对刀次数，也会使零件表面留下因对刀误差而形成的接刀台阶，从而降低了零件的表面质量。

除上述两点之外，铣刀切削刃的几何角度参数的选择及排屑性能等也非常重要。切屑粘刀形成积屑瘤在数控铣削中是十分忌讳的。总之，根据工件材料的热处理状态、切削性能及加工余量，选择刚性好，寿命长的铣刀，是充分发挥数控铣床的生产率和获得满意加工质量的前提。

8.2.4 工件位置的找正方法

（1）拉表法 利用磁性表座将百分表固定在主轴上，百分表测头与工件基面接触，往复移动床鞍，按百分表指示数值调整工件。找正应在三个方向上进行。

（2）划线法 工件待切割图形与定位基准相互位置要求不高时，可采用划线法。用固定在主轴上的一个带有紧固螺钉的零件将划针固定，划针尖指向工件图形的基准线或基准面，移动纵（或横）向床鞍，通过目测调整工件进行找正。该方法也可以在表面粗糙度值较低的基面找正时使用。

（3）固定基面靠定法 利用通用或专用夹具纵、横方向的基准面，经过一次找正后，保证基准面与相应坐标方向一致。于是具有相同加工基准面的工件可以直接靠定，就保证了工件的正确加工位置。

8.2.5 配合加工

（1）配作 指配钻、配铰、配刮、配磨等，这是装配中附加的一些钳工和机械加工工作。配钻用于螺纹联接；配铰多用于定位销孔加工；而配刮、配磨则多用于运动副的结合表面。配作通常与找正和调整结合进行。

（2）配合件验收 在机械产品完成后，按一定的标准，采用一定的方法，对机械产品进行规定内容的验收。通过检验可以确定产品是否达到设计要求的技术指标。

8.2.6 配合件精度保证

实操中，配合件一般有配合精度要求，选择配合件加工顺序的原则是：加工量少、测量方便。在有销孔和腔槽结构的配合件中，一般做法是先进行销孔预加工，腔槽粗精加工，最后进行销孔精加工。一般粗加工切削参数选得较高，加工过程中配合件可能有微量位移。为了避免孔和腔槽加工中出现位置误差，应采用上述加工顺序。配合尺寸确定的原则是：配合面外形尽量靠下偏差，配合面内腔应尽可能靠上偏差，以保证配合精度和相配合件尺寸精度。

8.3 任务实施

8.3.1 工艺分析

1. 零件图样的工艺分析

读图是零件加工的第一步，相当关键。读图能力是机械加工的必备基础技能，只有读懂图样，才能理解具体加工要素，分解加工步骤，同时才能够用手工或用CAD工具来对图形进行数学处理，计算轮廓曲线和相关孔位的坐标基点，为编程做准备。

零件的精度要求需要从尺寸公差、表面粗糙度及几何公差三个方面综合分析，也正是这些要求决定了具体的工艺方法。

图8-1所示的两个配合零件，属于加工要素比较齐全的平面腔槽类零件，是立式加工中心常见的加工对象。每个零件都要加工一个平面和此平面上的孔系以及凹凸轮廓，部分轮廓加工还是薄壁结构，最重要的问题是要保证两个零件最终能够相互配合，因此加工时必须考虑如何保证配合面的自身尺寸精度和相互间的位置精度。

零件材料为45钢，调质状态，具有良好的切削性能。毛坯外形规则，易于装夹。

2. 加工要点分析

总体的加工路线遵循由粗至精的加工原则，对于平面、轮廓、孔这三种要素，采取粗加工—半精加工—精加工的加工方案。

由于加工中心的主要加工特点是工序集中，即工件在一次装夹后，可连续完成钻、镗、铣、铰、攻螺纹加工等多道工序，从而减少了零件在不同机床之间的转换搬运时间，提高了效率。在加工过程中，必须采取由粗到精的加工原则和加工流程，以利于加工内应力的消除。例如粗铣平面后，切削热导致的温升会使零件产生热变形，如果这时进行精铣工序，待工件冷却后，就会失去应有的精度。因此这时应进行其他部位的粗加工，待所有部位的粗加工都完成后，再进行半精加工和精加工，以此类推。每一个要素的加工都应按照这一原则，保证其尺寸精度和表面粗糙度。

另外，加工过程中应尽可能实现最少的换刀次数和最短的切削路径，以减少辅助时间，提高效率。

根据零件的加工原则，确定零件加工的要点如下：

1）凸凹零件相配合时，曲线轮廓尺寸误差的控制是一个关键问题，这个问题实际上是轮廓铣削时刀具半径补偿值的合理调整和测量工具正确使用的结合。

2）1.57mm 的薄壁曲线轮廓加工是一个难点，精加工该薄壁时，应注意减小薄壁的变形，必须先将凸凹件相配合的曲面加工到件 1 中的 $\phi 100$mm 尺寸，同时切削刀具应保持锋利状态，才能有效减小薄壁的变形。另外，在曲线的 6 个 $R8$mm 拐角处，刀具容易让刀，所以应先使用钻头在这几处预钻，然后使用 $\phi 12$mm 立铣刀在此处扩孔，去除部分加工余量，然后再进行轮廓加工。

3）由于零件的加工内容较多，刀具的合理使用是在给定时间内完成该零件加工的关键，因此粗加工刀具的选用主要考虑保证其单位时间内的金属去除率，应尽可能使用大直径的刀具去除大部分加工量，以提高切削效率；然后使用小直径的刀具精加工，保证精度。因此，铣削凸凹件的上表面时，应选用 $\phi 32$mm 立铣刀；加工曲线轮廓时，应根据轮廓的凹圆角半径选用刀具，即实际加工轮廓的内圆弧半径必须大于所使用的刀具半径，如图 8-2 所示，使用了 $\phi 12$mm 立铣刀。如果这时使用 $\phi 20$mm 立铣刀加工该轮廓，就必须按照大于半径 10mm 的圆弧编程，必然增加计算的工作量，否则就会出现过切现象。另外，由于左右 $R45$mm 曲线轮廓和花瓶状曲线的外轮廓是在同一

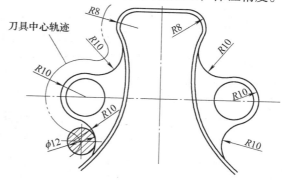

图 8-2 轮廓曲线尺寸

个高度平面上，因此在曲线轮廓的精加工时，都必须使用相同的一把 $\phi 12$mm 立铣刀。

4）从加工内容看，编写程序使用的主要是常见的指令代码，但凸件的左右 $R45$mm 轮廓曲线处的 $R3$mm 弧形倒角以及零件中部 $\phi 44$mm 孔口 $SR26$mm 球状倒角部分要求使用简单的宏程序。宏程序有利于简化程序，节省存储空间，这一点是自动编程无法比拟的。

5）零件图是左右对称的，可以考虑使用数控系统的一些编程简化功能来节约工作时间。这里可以使用系统的镜像功能，先编写左半边的轮廓程序，然后使用镜像功能加工右半边的轮廓，这样会大大地节省编程时间，但因为左右轮廓是在顺铣、逆铣的不同的状况下加工出来的，轮廓的表面粗糙度会有一点不同。我们还可以在程序输入时使用系统的后台编辑功能，在机床加工时，同时输入程序。后台编辑功能的灵活运用，会大量地节约程序的输入时间。另外，既然是相互配合的两件，一些相同的轮廓曲线就可以使用同一程序，仅需修改刀具半径补偿值即可。如图 8-3 所示，曲线 D 是零件的轮廓曲线，也是编程的轨迹，曲线 E 是加工件 1 曲线外轮廓时刀具的中心轨迹，使用 G42 指令，刀具半径补偿值为 6mm，曲线 C

是加工件 2 时该曲线内轮廓刀具的中心轨迹，使用 G42 指令，刀具半径补偿值为 –10mm。

6）进刀点的选择也是轮廓铣削的一个关键点。在外轮廓铣削时，一般情况下，进刀路线和退刀路线如图 8-4 所示，选择轮廓外的一点 A 作为刀具的起始点，B 点和 C 点是轮廓延长线上的一点，在 AB 直线段建立刀具的半径补偿，在 CA 直线段取消刀具的半径补偿。当然也可以采用在进刀点和退刀点分别添加一个相切的过渡圆弧的方式。

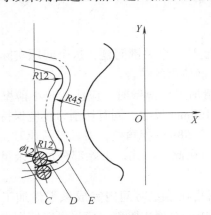

图 8-3　轮廓曲线刀具补偿

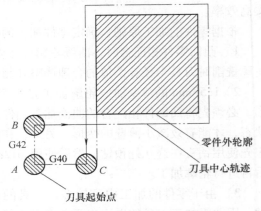

图 8-4　外轮廓刀具进出图

在内轮廓铣削时，一般情况下，进刀路线和退刀路线如图 8-5 所示，选择轮廓内的一点 A 作为刀具的起始点，BD 和 DC 圆弧段是和轮廓线相切的两段圆弧，D 点是轮廓线上的一点，在 AB 直线段建立刀具的半径补偿，在 CA 直线段取消刀具的半径补偿。注意，建立和取消刀具的半径补偿必须在直线段上进行。

件 1 的花瓶状曲线内轮廓的加工和上述两种情况都不相同，在内轮廓的中部还有一个 φ52mm 的凸台。实际上花瓶状曲线的内轮廓和凸台外圆轮廓形成了一个封闭的等宽曲线槽，许多人在加工这两个轮廓时不知如何进刀。

工艺路线中，使用 φ20mm 立铣刀先加工 φ52mm 的凸台轮廓，然后铣削花瓶状曲线外轮廓。在此之前应使用 φ11mm 钻头在图 8-6 所示外轮廓刀具轨迹上的 C 点处预加工进刀孔。铣削 φ52mm

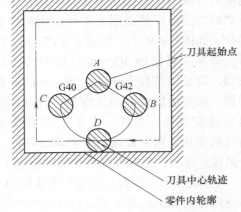

图 8-5　内轮廓刀具进出图

的凸台轮廓时，执行图 8-6 所示外轮廓加工中的路线图，A 点是刀具的起始点，E 点是刀具的退刀点，BD 直线段实际是 φ52mm 的切线。和其他外轮廓加工主要的不同点是：在执行 AB 段和 BC 段时，刀具 Z 坐标高出零件表面，即刀具不和零件相接触，自然不会碰伤花瓶状曲线，刀具在 C 点处的 Z 坐标移动到切削深度，然后铣削 φ52mm 轮廓，切削一周后再次到达 C 点处时，Z 坐标移动，离开零件表面，继续执行 CD、DE 两段程序。

铣削花瓶状曲线内轮廓时，执行图 8-7 中的路线图，A 点是刀具的起始点，BC 和 CD 圆弧段是和轮廓相切的两段过渡圆弧。与铣削 φ52mm 凸台轮廓相似，在执行 AB 段和 BC 段时，刀具 Z 坐标高出零件表面，即刀具不和零件相接触，自然不会碰伤中 φ52mm 凸台轮廓

曲线，刀具在 C 点处的 Z 坐标移动到切削深度，然后铣削花瓶状曲线内轮廓，再次到达 C 点处时 Z 坐标移动，离开零件表面，继续执行 CD、DA 两段程序。

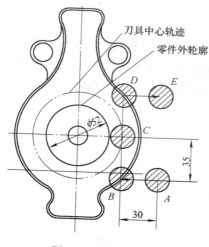

图 8-6　外轮廓加工

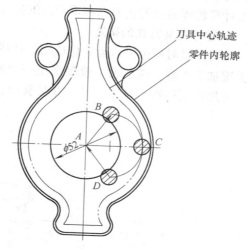

图 8-7　内轮廓加工

7）件 1 中需要加工 M42×1.5 的螺纹孔，传统工艺是使用丝锥加工，但根据选用的刀具和数控系统功能的不同，在数控铣床或加工中心上加工螺纹孔一般有四种方法。

①使用丝锥和弹性攻螺纹刀柄，即柔性攻螺纹方式。数控机床的主轴回转和 Z 轴进给一般不能够实现严格的同步，使用这种加工方式时，弹性攻螺纹刀柄恰好能够弥补这一点，以弹性变形保证两者的一致，如果扭矩过大，就会脱开，以保护丝锥不断裂。编程时，使用固定循环指令 G84（或 G74 左旋攻螺纹）代码，同时主轴转速 S 代码与进给速度 F 代码的数值关系是匹配的。

②使用丝锥和弹簧夹头刀柄，即刚性攻螺纹方式。使用这种加工方式时，要求数控机床的主轴必须配置有编码器，以保证主轴的回转和 Z 轴进给严格同步，即主轴每转一圈，Z 轴进给一个螺距。由于机床的硬件保证了主轴和进给轴的同步关系，因此刀柄使用弹簧夹头刀柄即可，但弹性夹套建议使用丝锥专用夹套，以保证扭矩的传递。编程时，也使用 G84（或 G74 左旋攻螺纹）代码和 M29（刚性攻螺纹方式），同时 S 代码与 F 代码的数值关系是匹配的。

③使用 G33 螺纹切削指令。使用这种加工方式时，要求数控机床的主轴必须配置有编码器，同时刀具使用定尺寸的螺纹刀。这种方法使用较少。

④使用螺纹铣刀加工。

上述四种方法仅用于定尺寸的螺纹铣刀，一种规格的刀具只能够加工同等规格的螺纹。而使用螺纹铣刀铣削螺纹的特点是，可以使用同一把刀具加工直径不同的左旋和右旋螺纹，如果使用单齿螺纹铣刀，还可以加工不同螺距的螺纹孔，编程时使用螺旋插补指令。

3. 计算基点坐标

件 1 的坐标原点设置在工件上表面的对称中心，件 2 的坐标原点应该同件 1 的坐标原点一致，以便程序编制。

本任务的基点计算工作量较大，应该尽量使用 CAD 软件来自动检测轮廓曲线的基点坐

PROJECT

8

标，但编程时可能还需要 X、Z 轴的坐标图，有些基点可以在此图上直接读出，如图 8-8 所示。各平面的 Z 点坐标和孔位的终点 Z 坐标以及工件的轮廓坐标一目了然，另外，有时还需要计算轮廓曲线的进刀点和退刀点的坐标值。

4. 零件装夹方式的确定

设计夹具时应遵循六点定位原则，并尽可能保证零件在一次装夹后，完成全部或尽量多的关键加工内容。铣削加工较多采用一面两销和三面定位方式。本任务的毛坯形状比较规则，可用机用精密平口钳夹具。在装夹时，使预加工面朝上，以底面和侧面为基准定位夹紧。

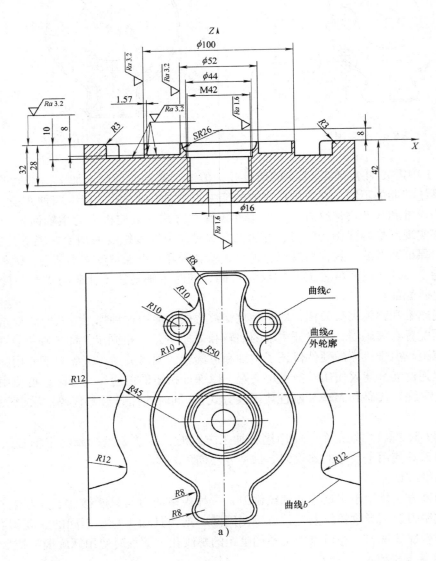

图 8-8　基点坐标

a）坐标简图

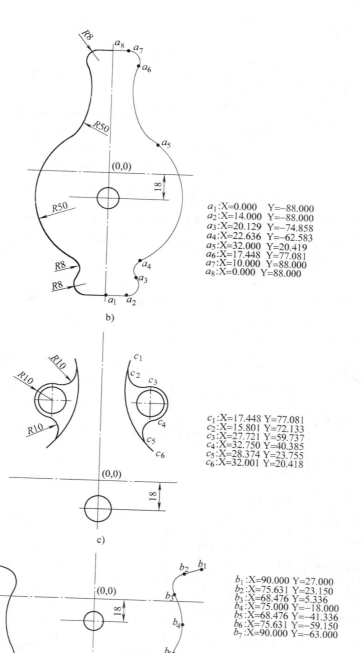

a_1:X=0.000　Y=−88.000
a_2:X=14.000　Y=−88.000
a_3:X=20.129　Y=−74.858
a_4:X=22.636　Y=−62.583
a_5:X=32.000　Y=20.419
a_6:X=17.448　Y=77.081
a_7:X=10.000　Y=88.000
a_8:X=0.000　Y=88.000

b)

c_1:X=17.448　Y=77.081
c_2:X=15.801　Y=72.133
c_3:X=27.721　Y=59.737
c_4:X=32.750　Y=40.385
c_5:X=28.374　Y=23.755
c_6:X=32.001　Y=20.418

c)

b_1:X=90.000　Y=27.000
b_2:X=75.631　Y=23.150
b_3:X=68.476　Y=5.336
b_4:X=75.000　Y=−18.000
b_5:X=68.476　Y=−41.336
b_6:X=75.631　Y=−59.150
b_7:X=90.000　Y=−63.000

d)

图8-8　基点坐标（续）
b）曲线 a 的基点坐标　c）曲线 c 的基点坐标　d）曲线 b 的基点坐标

8.3.2 工艺制订

根据上面的工艺分析，就能确立各项工艺参数并选择刀具，制订工艺卡和刀具卡，见表8-1~表8-3，这是进行编程和加工的依据，也是数控工艺员的基本技能。

表8-1 件1加工工艺卡

零件号：		零件名称：件1		程序号：		机床型号：BV75		零件材质：45钢调质	
序号	加工内容	刀具类型及规格/mm	刀具齿数	刀具号	刀具偏置号	切削速度/(m/min)	主轴转速/(r/min)	每转进给/(mm/r)	进给速度/(mm/min)
1	铣零件上表面	ϕ32 立铣刀	3	T01	H01/D01	160	1592	0.3	478
2	预钻零件中部 ϕ16mm 孔至尺寸 ϕ11mm	ϕ11 钻头	2	T02	H02/D02	48	1380	0.2	276
3	钻零件上部 2 × ϕ11mm 孔	ϕ11 钻头							
4	钻用于铣削 ϕ52mm 凸台外轮廓的进刀孔	ϕ11 钻头	2	T02	H02/D02	48	1380	0.2	276
5	预钻花瓶曲线 6 个 R8mm 轮廓拐角	ϕ11 钻头							
6	粗铣左右 R45mm 处曲线轮廓	ϕ20 立铣刀							
7	粗铣 ϕ52mm 凸台外轮廓	ϕ20 立铣刀	2	T03	H03/D03	120	1910	0.14	268
8	铣 M42 × 1.5mm 底孔 ϕ40.5mm	ϕ20 立铣刀							
9	扩铣 ϕ44mm 孔至尺寸	ϕ20 立铣刀							
10	扩铣花瓶曲线 6 个 R8mm 轮廓拐角	ϕ12 立铣刀							
11	粗铣花瓶曲线外轮廓	ϕ12 立铣刀							
12	粗铣花瓶曲线内轮廓	ϕ12 立铣刀							
13	精铣左右 R45mm 处曲线轮廓	ϕ12 立铣刀							
14	精铣花瓶曲线外轮廓至尺寸	ϕ12 立铣刀	4	T04	H04/D04	100	2650	0.3	795
15	精铣花瓶曲线内轮廓	ϕ12 立铣刀							
16	精铣 ϕ52mm 凸台外轮廓	ϕ12 立铣刀							
17	扩 3 个 $\phi16^{+0.018}_{0}$mm 预孔至尺寸 ϕ15.9mm	ϕ12 立铣刀							

（续）

序号	加工内容	刀具类型及规格/mm	刀具齿数	刀具号	刀具偏置号	切削速度/(m/min)	主轴转速/(r/min)	每转进给/(mm/r)	进给速度/(mm/min)
	零件号：	零件名称：工件1		程序号：		机床型号：BV75		零件材质：45 钢调质	
18	M42×1.5-7H 螺纹孔加工	ϕ20 螺纹铣刀	1	T05	H05/D05	200	2000	0.05	100
19	铰 3 个 $\phi16^{+0.018}_{0}$ mm 孔至尺寸	ϕ16H7 铰刀	8	T06	H06/D06	12	240	0.3	72
20	2 个 R45mm 曲线的 R3mm 倒角	ϕ8 球头铣刀	2	T07	H07/D07	70	2780	0.05	140
21	ϕ44mm 孔口的 SR26mm 球状倒角	ϕ8 球头铣刀							

表 8-2　件 2 加工工艺卡

序号	加工内容	刀具类型及规格/mm	刀具齿数	刀具号	刀具偏置号	切削速度/(m/min)	主轴转速/(r/min)	每转进给/(mm/r)	进给速度/(mm/min)
	零件号：	零件名称：件 2		程序号：		机床型号：BV75		零件材质：45 钢调质	
1	铣零件上表面	ϕ32 立铣刀	3	T01	H01/D01	160	1592	0.3	478
2	预钻 3 个 ϕ16mm 孔至尺寸 ϕ11mm	ϕ11 钻头	2	T02	H02/D02	48	1380	0.2	276
3	预钻花瓶曲线 4 个 R8mm 轮廓内拐角	ϕ11 钻头							
4	粗铣左右 R45mm 处曲线轮廓	ϕ20 立铣刀	2	T03	H03/D03	120	1910	0.14	268
5	粗铣花瓶曲线 ϕ100mm 内轮廓	ϕ20 立铣刀							
6	扩铣花瓶曲线 6 个 R8mm 轮廓内拐角	ϕ12 立铣刀	4	T04	H04/D04	100	2650	0.3	795
7	粗铣花瓶曲线内轮廓	ϕ12 立铣刀							
8	扩 ϕ16mm 预孔至尺寸 ϕ15.8mm	ϕ12 立铣刀							
9	精铣花瓶曲线内轮廓至尺寸	ϕ12 立铣刀							
10	精铣左右 R45mm 处曲线轮廓	ϕ12 立铣刀							
11	铰 3 个 $\phi16^{+0.018}_{0}$ mm 孔至尺寸	ϕ16H7 铰刀	8	T06	H06/D06	12	240	0.3	72

8

PROJECT

表8-3　刀　具　卡

序号	刀具类型及规格 /mm	刀具 齿数	刀具 号	刀具偏 置号	刀具半径补偿值 /mm	刀具长度补 偿值/mm	主轴转速 /(r/min)	进给速度 /(mm/min)
1	φ32 立铣刀	3	T01	H01/D01	根据实测值调整	实测值	1592	478
2	φ11 钻头	2	T02	H02/D02	根据实测值调整	实测值	1380	276
3	φ20 立铣刀	2	T03	H03/D03	根据实测值调整	实测值	1910	268
4	φ12 立铣刀	4	T04	H04/D04	根据实测值调整	实测值	2650	795
5	螺纹铣刀	1	T05	H05/D05	根据实测值调整	实测值	2000	100
6	φ16H7 铰刀	8	T06	H06/D06	根据实测值调整	实测值	240	72
7	φ8 球头铣刀	2	T07	H07/D07	根据实测值调整	实测值	2780	140

8.3.3　华中世纪星 HNC-21M 系统（加工中心）参考程序

（1）件1程序

主程序　　　　　　　　　　　　　　　程序说明

%1001；

T01　M06；　　　　　　　　　　　　铣零件上表面

G54　G90　G40　G80　G17　G69　G49　G21；

G00　G43　Z100　H01；

M03　S1592；

X－110　Y－90；

Z2；

G01　Z0　F478；

X110；

Y－60；

X－110；

Y－30；

X110；

Y0；

X－110；

Y30；

X110；

Y60；

X－110；

Y90；

X110；

G00　Z100；

M05；

G28　G91　Z0；

```
T02   M06;
```

预钻花瓶曲线 6 个 $R8$mm 轮廓拐角，钻
用于铣削 $\phi52$mm 凸台外轮廓的进刀孔，
钻零件上部 2 个 $\phi11$mm 孔

```
G90   G54;
G00   G43   Z100   H02;
M03   S1380;
G99   G83   X0   Y-18   Z-45   Q-8   K0.5   R5   F276;
X-30   Y50;
X30;
X0   Y20   Z-8;
X-10   Y80;
X10;
X14   Y-80;
G98   X-14;
G80;
M05;
G91   G28   Z0;
T03   M06;
```

粗铣左右 $R45$mm 处曲线轮廓，粗铣
$\phi52$mm 凸台外轮廓，铣 $M42\times1.5$mm 底
孔 $\phi40.5$mm，扩铣 $\phi44$mm 孔至尺寸

```
G54   G90;
G00   G43   Z100   H03;
M03   S1910;
M98   P0002;
G24   X0;
M98   P0002;
G24   X0;
G00   X0   Y20;
G01   Z0   F100;
#1=1;
WHILE  [#1   LE   8];
Z[-#1];
G41   X-12   D03;
G03   X0   Y8   R12;
G02   J-26;
G03   X12   Y20   R12;
G1   G40   X0;
#1=#1+1;
ENDW;
```

8

PROJECT

```
G00   Z5；
X0   Y－18；
G01   Z0；
#1＝0；
WHILE［#1   LE   32］；
X－10.25；
G03   I10.25   Z－#1；
#1＝#1＋1；
ENDW；
G03   I10.25；
G01   X0；
G00   Z0；
#1＝0；
WHILE［#1   LE   10］；
X－12；
G03   I12   Z－#1；
#1＝#1＋1；
ENDW；
G03   I12；
G01   X0；
G00   Z100；
M05；
G91   G28   Z0；
T04   M06；
```

扩铣花瓶曲线6个 R8mm 轮廓拐角，粗铣花瓶曲线外轮廓，粗铣花瓶曲线内轮廓，精铣左右 R45mm 处曲线轮廓，精铣花瓶曲线外轮廓至尺寸，精铣花瓶曲线内轮廓，精铣 ϕ52mm 凸台外轮廓，扩3个 ϕ16H7 预孔至尺寸 ϕ15.9mm

```
G54   G90；
G00   G43   Z100   H04；
M03   S2650；
X0   Y－100；
Z2；
G01   Z0   F795；
#1＝1；
WHILE   ［#1   LE   10］；
G01   Z－#1；
G41   X12   D04；
```

```
G03    X0    Y－88    R12;
G01    X－14;
G02    X－20.129    Y－74.858    R8;
G03    X－22.636    Y－62.583    R8;
G02    X－32    Y20.419    R50;
G03    X－28.374    Y23.755    R50;
G03    X－32.75    Y40.385    R10;
G02    X－27.721    Y59.737    R10;
G03    X－15.801    Y72.133    R10;
G03    X－17.448    Y77.081    R50;
G02    X－10    Y88    R8;
G01    X10;
G02    X17.448    Y77.081    R8;
G03    X15.801    Y72.133    R50;
G03    X27.721    Y59.737    R10;
G02    X32.75    Y40.385    R10;
G03    X28.374    Y23.755    R10;
G03    X32    Y20.419    R50;
G02    X22.636    Y－62.583    R50;
G03    X20.129    Y－74.828    R8;
G02    X14    Y－88    R8;
G01    X0;
G03    X－12    Y－100    R12;
G01    G40    X0;
#1＝#1＋1;
ENDW;
G00    Z0;
#1＝1;
WHILE    [#1    LE    7];
G01    Z－#1;
G41    X12    D04;
G03    X0    Y－88    R12;
G01    X－14;
G02    X－20.129    Y－74.858    R8;
G03    X－22.636    Y－62.583    R8;
G02    X－32    Y20.419    R50;
G03    X－17.448    Y77.081    R50;
G02    X－10    Y88    R8;
G01    X10;
```

```
G02   X17.448   Y77.081   R8;
G03   X32   Y20.419   R50;
G02   X22.636   Y-62.583   R50;
G03   X20.129   Y-74.828   R8;
G02   X14   Y-88   R8;
G01   X0;
G03   X-12   Y-100   R12;
G01   G40   X0;
#1=#1+1;
ENDW;
G00   Z5;
X-14   Y-80;
G01   Z0;
#1=1;
WHILE  [#1  LE  8];
G01   Z[-#1];
G41   X-22   D04;
G03   X-14   Y-88   R8;
G01   X14;
G03   X20.129   Y-74.858   R8;
G02   X22.636   Y-62.583   R8;
G03   X32   Y20.419   R50;
G02   X17.448   Y77.081   R50;
G03   X10   Y88   R8;
G01   X-10;
G03   X-17.448   Y77.081   R8;
G02   X-32   Y20.419   R50;
G03   X-22.636   Y-62.583   R50;
G02   X-22.129   Y-74.858   R8;
G03   X-14   Y-88   R8;
G03   X-6   Y-80   R8;
G01   G40   X-14;
#1=#1+1;
ENDW;
G00   Z5;
M98   P0003;
G24   X0;
M98   P0003;
G25   X0;
```

```
G01    Z - 7;
G41    X12    D04;
G03    X0    Y - 88    R12;
G01    X - 14;
G02    X - 20. 129    Y - 74. 858    R8;
G03    X - 22. 636    Y - 62. 583    R8;
G02    X - 32    Y20. 419    R50;
G03    X - 17. 448    Y77. 081    R50;
G02    X - 10    Y88    R8;
G01    X10;
G02    X17. 448    Y77. 081    R8;
G03    X32    Y20. 419    R50;
G02    X22. 636    Y - 62. 583    R50;
G03    X20. 129    Y - 74. 828    R8;
G02    X14    Y - 88    R8;
G01    X0;
G03    X - 12    Y - 100    R12;
G01    G40    X0;
G00    Z5;
X - 14    Y - 80;
G01    Z - 7;
G41    X - 22    D04;
G03    X - 14    Y - 88    R8;
G01    X14;
G03    X20. 129    Y - 74. 858    R8;
G02    X22. 636    Y - 62. 583    R8;
G03    X32    Y20. 419    R50;
G02    X17. 448    Y77. 081    R50;
G03    X10    Y88    R8;
G01    X - 10;
G03    X - 17. 448    Y77. 081    R8;
G02    X - 32    Y20. 419    R50;
G03    X - 22. 636    Y - 62. 583    R50;
G02    X - 22. 129    Y - 74. 858    R8;
G03    X - 14    Y - 88    R8;
G03    X - 6    Y - 80    R8;
G1    G40    X - 14;
G00    Z5;
G00    X0    Y20;
```

```
G01   Z0;
Z - 8;
G41   X - 12   D04;
G03   X0   Y8   R12;
G02   J - 26;
G03   X12   Y20   R12;
G01   G40   X0;
G00   Z5;
X0   Y - 18;
Z - 31;
G01   Z - 32;
X - 1.95;
#1 = 33;
WHILE [#1   LE   42];
G03   I1.95   Z[ - #1];
#1 = #1 + 1;
ENDW;
G03   I1.95;
G01   X0;
G00   Z5;
X - 30   Y50;
Z - 6;
G01   Z - 7;
X - 31.95;
#1 = 8;
WHILE[#1   LE   20];
G03   I1.95   Z - #1;
#1 = #1 + 1;
ENDW;
G03   I1.95;
G01   X - 30;
G00   Z5;
X30   Y50;
Z - 6;
G01   Z - 7;
X - 28.05;
#1 = 8;
WHILE[#1   LE   20];
G03   I1.95   Z[ - #1];
```

#1 = #1 + 1;

ENDW;

G03　I1. 95;

G01　X – 30;

G00　Z5;

G00　Z100;

G91　G28　Z0;

M05;

T05　M06;　　　　　　　　　　　　　　　M42 × 1.5-7H 螺纹孔加工

G54　G90;

M03　S2000;

G43　G00　Z100　H05;

X0　Y – 18;

Z – 9;

G01　X – 11　F100;

#1 = 10. 5;

WHILE[#1　LE　28. 5];

G03　I11　Z – #1;

#1 = #1 + 1. 5;

ENDW;

G01　X0;

G00　Z100;

G91　G28　Z0;

M05;

T06　M06;　　　　　　　　　　　　　　　铰 3 个 φ16H7 孔至尺寸

G54　G90;

G43　G00　Z100　H06;

M03　S240;

X0　Y – 18;

Z5;

G98　G85　X0　Y – 18　Z – 45　R – 30　F75;

G98　G85　X – 30　Y50　Z – 19. 8　R – 5　F75;

X30;

G80;

G00　Z100;

G91　G28　Z0;

M05;

T07　M06;　　　　　　　　　　　　　　　2 个 R45mm 曲线的 R3mm 倒角,
　　　　　　　　　　　　　　　　　　　　φ44mm 孔口 SR26mm 球状倒角

```
G54   G90；
G43   G00   Z100   H07；
M03   S2780；
G52   X0   Y0   Z－3；
M98   P0004；
G24   X0；
M98   P0004；
G24   X0；
G52   X0   Y0   Z0；
G00   Z15；
G52   X0   Y0   Z8；
X0   Y－18；
#1＝26；
#2＝8；
#3＝44/2；
#4＝4；
#5＝#1－#4；
#6＝ACOS［#2/#1］＋1；
#7＝ASIN［#3/#1］－1；
WHILE   ［#6   GE   #7］；
G01   Z［－#5＊COS［#6］］；
X［－#5＊SIN［#6］］；
G03   I［#5＊SIN［#6］］；
G01   X0；
#6＝#6－1；
ENDW；
G00   Z100；
M05；
G91   G28   Z0；
M30；
子程序
%0002；
G00   X110   Y－80；
Z2；
G01   Z0   F268；
#1＝1；
WHILE   ［#1   LE   10］；
Z［－#1］；
G41   Y－63   D03；
```

程序说明

粗铣左右 $R45\text{mm}$ 处曲线轮廓

X90；

X75.631　Y－59.150；

G02　X68.476　Y－41.336　R12；

G03　Y5.336　R45；

G02　X75.631　Y23.150　R12；

G01　X90　Y27；

X110；

G40　Y－80；

#1＝#1＋1；

ENDW；

G00　Z5；

M99；

子程序

%0003；

G00　X110　Y－80；

Z2；

G01　Z－10；

G41　Y－63　D03；

X90；

X75.631　Y－59.150；

G02　X68.476　Y－41.336　R12；

G03　Y5.336　R45；

G02　X75.631　Y23.150　R12；

G01　X90　Y27；

X110；

G40　Y20；

G00　Z5；

M99；

子程序

%0004；

#1＝0；

WHILE　［#1　LE　PI/2］；

#2＝4；

#3＝3；

#4＝#2＋#3；

X110　Y－80；

Z15；

G01　Z［#4＊COS［#1］］　F140；　·

#107＝#4＊SIN［#1］－#3；

程序说明
精铣左右R45mm处曲线轮廓

程序说明
2个R45mm曲线的R3mm倒角

```
G41    Y－63    D107；
X90；
X75.631    Y－59.150；
G02    X68.476    Y－41.336    R12；
G03    Y5.336    R45；
G02    X75.631    Y23.150    R12；
G01    X90    Y27；
X110；
G40    Y－80；
#1＝#1＋PI/180；
ENDW；
G00    Z15；
M99；
```

（2）件 2 程序

主程序   程序说明

```
%1002；
T01    M06；                                铣零件上表面
G54    G90    G40    G80    G17    G69    G49    G21；
G00    G43    Z100    H01；
M03    S1592；
X－110    Y－90；
Z2；
G01    Z0    F478；
X110；
Y－60；
X－110；
Y－30；
X110；
Y0；
X－110；
Y30；
X110；
Y60；
X－110；
Y90；
X110；
G00    Z100；
M05；
G28    G91    Z0；
```

T02　M06；

G90　G54；

G00　G43　Z100　H02；

M03　S1380；

G99　G83　X0　Y－18　Z－21　Q8　K0.5　R5　F276；

X－30　Y50；

X30；

X－10　Y80　Z－9.8；

X10；

X14　Y－80；

G98　X－14；

G80；

M05；

G91　G28　Z0；

T03　M06；

G54　G90；

G00　G43　Z100　H03；

M03　S1910；

M98　P0005；

G24　X0；

M98　P0005；

G24　X0；

G00　X0　Y－18；

Z2；

G01　Z0；

#1＝1；

WHILE［#1　LE　10］；

G01　X－15；

G03　I15　Z［－#1］；

#1＝#1＋1；

ENDW；

G03　I15；

G01　Z0；

#1＝1；

WHILE　［#1　LE　10］；

G01　X－33；

G03　I33　Z［－#1］；

预钻 3 个 ϕ16mm 孔至尺寸 ϕ11mm，预钻花瓶曲线 4 个 R8mm 轮廓内拐角

粗铣左右 R45mm 处曲线轮廓，粗铣花瓶曲线 ϕ100mm 内轮廓

8
PROJECT

```
#1 = #1 + 1；
ENDW；
G03  I33；
G00  Z100；
M05；
G91  G28  Z0；
T04  M06；
```

扩铣花瓶曲线六处 $R8\text{mm}$ 轮廓内拐角，粗铣花瓶曲线内轮廓，扩 $\phi16\text{mm}$ 预孔至尺寸 $\phi15.8\text{mm}$，精铣花瓶曲线内轮廓至尺寸，精铣左右 $R45\text{mm}$ 处曲线轮廓

```
G54  G90；
G00  Z100  G43  H04；
M03  S2650；
X - 14  Y - 80；
Z2；
#1 = 0.5；
WHILE  ［#1  LE  3.5］；
G01  Z［ - #1］  F795；
G42  X6  D04；
G02  X0  Y - 88  R12；
G01  X - 14；
G02  X - 20.129  Y - 74.858  R8；
G03  X - 22.636  Y - 62.583  R8；
G02  X - 32  Y20.419  R50；
G03  X - 28.374  Y23.755  R50；
G03  X - 32.75  Y40.385  R10；
G02  X - 27.721  Y59.737  R10；
G03  X - 15.801  Y72.133  R10；
G03  X - 17.448  Y77.081  R50；
G02  X - 10  Y88  R8；
G01  X10；
G02  X17.448  Y77.081  R8；
G03  X15.801  Y72.133  R50；
G03  X27.721  Y59.737  R10；
G02  X30.75  Y40.385  R10；
G03  X28.374  Y23.755  R10；
G03  X32  Y20.419  R50；
G02  X22.636  Y - 62.583  R50；
G03  X20.129  Y - 74.858  R8；
G02  X14  Y - 88  R8；
```

```
G01   X0;
G02   X - 22   Y - 80   R8;
G01   G40   X - 14;
#1 = #1 + 1;
ENDW:
G01   Z0;
#1 = 1;
WHILE  [#1   LE   10];
G01   Z[ - #1];
G41   X - 22   D04;
G03   X - 14   Y - 88   R8;
G01   X14  ;
G03   X20. 129   Y - 74. 858   R8;
G02   X22. 636   Y - 62. 583   R8;
G03   X32   Y20. 419   R50;
G02   X17. 448   Y77. 081   R50;
G03   X10   Y88   R8;
G01   X - 10;
G03   X - 17. 448   Y77. 081   R8;
G02   X - 32   Y20. 419   R50;
G03   X - 22. 636   Y - 62. 583   R50;
G02   X - 22. 129   Y - 74. 858   R8;
G03   X - 14   Y - 88   R8;
G03   X - 6   Y - 80   R8;
G01   G40   X - 14;
#1 = #1 + 1;
ENDW;
G00   Z5;
X - 30   Y50;
Z - 2;
G01   Z - 3;
X - 31. 9;
#1 = 4;
WHILE  [#1   LE   18];
G03   I1. 9   Z[ - #1];
#1 = #1 + 1;
ENDW;
G03   I1. 9;
G01   X - 30;
```

```
G00   Z5；
X30   Y50；
Z－2；
G01   Z－3；
X－28.1；
#1＝4；
WHILE［#1   LE   18］；
G03   I1.9   Z－#1；
#1＝#1＋1；
ENDW；
G03   I1.9；
G01   X－30；
G00   Z5；
X0   Y－18；
Z－9；
G01   Z－10；
X－1.9；
#1＝11；
WHILE［#1   LE   18］；
G03   I1.9   Z［－#1］；
#1＝#1＋1；
ENDW；
G03   I1.9；
G01   X0；
G00   Z5；
X－14   Y－80；
G01   Z－10；
G41   X－22   D04；
G03   X－14   Y－88   R8；
G01   X14；
G03   X20.129   Y－74.858   R8；
G02   X22.636   Y－62.583   R8；
G03   X32   Y20.419   R50；
G02   X17.448   Y77.081   R50；
G03   X10   Y88   R8；
G01   X－10；
G03   X－17.448   Y77.081   R8；
G02   X－32   Y20.419   R50；
G03   X－22.636   Y－62.583   R50；
```

8

PROJECT

```
G02    X – 22. 129    Y – 74. 858    R8；
G03    X – 14    Y – 88    R8；
G03    X – 6    Y – 80    R8；
G01    G40    X – 14；
G00    Z5；
M98    ％0005；
G24    X0；
M98    P1002；
G24    X0；
G00    Z100；
M05；
G91    G28    Z0；
T06    M06；
G54    G90；
G00    Z100    G43    H06；
M03    S240；
G00    X0    Y – 18；
Z5；
G98    G85    X0    Y – 18    Z – 22    R – 8    F72；
G98    G85    X – 30    Y50    Z – 22    R – 2    F72；
G98    X – 30；
G00    Z100；
M05；
G91    G28    Z0；
M30；
子程序
％0005；
G00    X110    Y – 48；
Z2；
G01    Z0    F268；
#1 = 0. 5；
WHILE［#1    LE    10. 5］；
Z – #1；
G42    Y – 63    D03；
X90；
X75. 631    Y – 59. 150；
G02    X68. 476    Y – 41. 336    R12；
G03    Y5. 336    R45；
G02    X75. 631    Y23. 150    R12；
```

铰 3 个 $\phi16H7$ 孔至尺寸

程序说明
粗铣左右 $R45\text{mm}$ 处曲线轮廓

8 PROJECT

```
G01   X90   Y27；
X110；
G40   Y - 48；
#1 = #1 + 1；
ENDW；
G00   Z5；
M99；
```

子程序   程序说明
```
%0006；
```
精铣左右 R45mm 处曲线轮廓
```
G00   X110   Y - 48；
Z2；
G01   Z - 10.5   F795；
G42   Y - 63   D04；
X90；
X75.631   Y - 59.150；
G02   X68.476   Y - 41.336   R12；
G03   Y5.336   R45；
G02   X75.631   Y23.150   R12；
G01   X90   Y27；
X110；
G40   Y20；
G00   Z5；
M99；
```

8.3.4   FANUC 0i-MB 参考程序（加工中心）

（1）件 1 程序

主程序   程序说明
```
O1001；
T01   M06；
```
铣零件上表面
```
G54   G90   G40   G80   G17   G69   G49   G21；
G00   G43   Z100   H01；
M03   S1592；
X - 110   Y - 90；
Z2；
G01   Z0   F478；
X110；
Y - 60；
X - 110；
Y - 30；
```

X110；

Y0；

X－110；

Y30；

X110；

Y60；

X－110；

Y90；

X110；

G00　Z100；

M05；

G28　G91　Z0；

T02　M06；

预钻花瓶曲线 6 个 $R8$mm 轮廓拐角，钻用于铣削 $\phi52$mm 凸台外轮廓的进刀孔，钻零件上部 2 个 $\phi11$mm 孔

G90　G54；

G00　G43　Z100　H02；

M03　S1380；

G99　G83　X0　Y－18　Z－45　Q8　R5　F276；

X－30　Y50；

X30；

X0　Y20　Z－8；

X－10　Y80；

X10；

X14　Y－80；

G98　X－14；

G80；

M05；

G91　G28　Z0；

T03　　M06；

粗铣左右 $R45$mm 处曲线轮廓，粗铣 $\phi52$mm 凸台外轮廓，铣 M42×1.5mm 底孔 $\phi40.5$mm，扩铣 $\phi44$mm 孔至尺寸

G54　G90；

G00　G43　Z100　H03；

M03　S1910；

M98　P0002；

G24　X0；

M98　P0002；

G24　X0；

```
G00   X0   Y20；
G01   Z0   F100；
#1 = 1；
N2   Z - #1；
G41   X - 12   D03；
G03   X0   Y8   R12；
G02   J - 26；
G03   X12   Y20   R12；
G01   G40   X0；
#1 = #1 + 1；
IF ［#1   LE   8］ GOTO2；
G00   Z5；
X0   Y - 18；
G01   Z0；
#2 = 0；
X - 10. 25；
N3   G03   I10. 25   Z - #2；
#2 = #2 + 2；
IF ［#2   LE   32］ GOTO3；
G03   I10. 25；
G01   X0；
G00   Z0；
#3 = 0；
X - 12；
N4   G03   I12   Z - #3；
#3 = #3 + 3；
IF ［#3   LE   10］ GOTO4；
G03   I12；
G01   X0；
G00   Z100；
M05；
G91   G28   Z0；
T04   M06；
```

扩铣花瓶曲线6个R8mm轮廓拐角，粗铣花瓶曲线外轮廓，粗铣花瓶曲线内轮廓，精铣左右R45mm处曲线轮廓，精铣花瓶曲线外轮廓至尺寸，精铣花瓶曲线内轮廓，精铣 ϕ52mm 凸台外轮廓，扩3个 ϕ16H7 预孔至尺寸 ϕ15. 9mm

```
G54   G90；
G00   G43   Z100   H04；
```

```
M03    S2650；
X0    Y－100；
Z2；
G01    Z0    F795；
#4＝1；
N5    G01    Z－#4；
G41    X12    D04；
G03    X0    Y－88    R12；
G01    X－14；
G02    X－20.129    Y－74.858    R8；
G03    X－22.636    Y－62.583    R8；
G02    X－32    Y20.419    R50；
G03    X－28.374    Y23.755    R50；
G03    X－32.75    Y40.385    R10；
G02    X－27.721    Y59.737    R10；
G03    X－15.801    Y72.133    R10；
G03    X－17.448    Y77.081    R50；
G02    X－10    Y88    R8；
G01    X10；
G02    X17.448    Y77.081    R8；
G03    X15.801    Y72.133    R50；
G03    X27.721    Y59.737    R10；
G02    X32.75    Y40.385    R10；
G03    X28.374    Y23.755    R10；
G03    X32    Y20.419    R50；
G02    X22.636    Y－62.583    R50；
G03    X20.129    Y－74.828    R8；
G02    X14    Y－88    R8；
G01    X0；
G03    X－12    Y－100    R12；
G01    G40    X0；
#4＝#4＋4；
IF    ［#4    LE    10］    GOTO5；
G00    Z0；
#5＝1；
N6    G01    Z－#5；
G41    X12    D04；
G03    X0    Y－88    R12；
G01    X－14；
```

```
G02   X - 20. 129   Y - 74. 858   R8;
G03   X - 22. 636   Y - 62. 583   R8;
G02   X - 32   Y20. 419   R50;
G03   X - 17. 448   Y77. 081   R50;
G02   X - 10   Y88   R8;
G01   X10;
G02   X17. 448   Y77. 081   R8;
G03   X32   Y20. 419   R50;
G02   X22. 636   Y - 62. 583   R50;
G03   X20. 129   Y - 74. 828   R8;
G02   X14   Y - 88   R8;
G01   X0;
G03   X - 12   Y - 100   R12;
G01   G40   X0;
#5 = #5 + 5;
IF ［#5   LE   7］ GOTO6;
G00   Z5;
X - 14   Y - 80;
G01   Z0;
#7 = 1;
N7   G01   Z - #7;
G41   X - 22   D01;
G03   X - 14   Y - 88   R8;
G01   X14;
G03   X20. 129   Y - 74. 858   R8;
G02   X22. 636   Y - 62. 583   R8;
G03   X32   Y20. 419   R50;
G02   X17. 448   Y77. 081   R50;
G03   X10   Y88   R8;
G01   X - 10;
G03   X - 17. 448   Y77. 081   R8;
G02   X - 32   Y20. 419   R50;
G03   X - 22. 636   Y - 62. 583   R50;
G02   X - 22. 129   Y - 74. 858   R8;
G03   X - 14   Y - 88   R8;
G03   X - 6   Y - 80   R8;
G01   G40   X - 14;
#7 = #7 + 1;
IF ［#7   LE   8］ GOTO7;
```

```
G00    Z5；
M98    P0003；
G24    X0；
M98    P0003；
G24    X0；
G01    Z－7；
G41    X12    D42；
G03    X0    Y－88    R12；
G01    X－14；
G02    X－20.129    Y－74.858    R8；
G03    X－22.636    Y－62.583    R8；
G02    X－32    Y20.419    R50；
G03    X－17.448    Y77.081    R50；
G02    X－10    Y88    R8；
G01    X10；
G02    X17.448    Y77.081    R8；
G03    X32    Y20.419    R50；
G02    X22.636    Y－62.583    R50；
G03    X20.129    Y－74.828    R8；
G02    X14    Y－88    R8；
G01    X0；
G03    X－12    Y－100    R12；
G01    G40    X0；
G00    Z5；
X－14    Y－80；
G01    Z－7；
G41    X－22    D43；
G03    X－14    Y－88    R8；
G01    X14；
G03    X20.129    Y－74.858    R8；
G02    X22.636    Y－62.583    R8；
G03    X32    Y20.419    R50；
G02    X17.448    Y77.081    R50；
G03    X10    Y88    R8；
G01    X－10；
G03    X－17.448    Y77.081    R8；
G02    X－32    Y20.419    R50；
G03    X－22.636    Y－62.583    R50；
G02    X－22.129    Y－74.858    R8；
```

```
G03   X – 14   Y – 88   R8;
G03   X – 6   Y – 80   R8;
G01   G40   X – 14;
G00   Z5;
G00   X0   Y20;
G01   Z0;
Z – 8;
G41   X – 12   D44;
G03   X0   Y8   R12;
G02   J – 26;
G03   X12   Y20   R12;
G01   G40   X0;
G00   Z5;
X0   Y – 18;
Z – 31;
G01   Z – 32;
X – 1.95;
#8 = 33;
N8   G03   I1.95   Z – #8;
#8 = #8 + 1;
IF  [#8   LE   42]   GOTO8;
G03   I1.95;
G01   X0;
G00   Z5;
X – 30   Y50;
Z – 6;
G01   Z – 7;
X – 31.95;
#9 = 8;
N18   G03   I1.95   Z – #9;
#9 = #9 + 1;
IF  [#9   LE   20]   GOTO18;
G03   I1.95;
G01   X – 30;
G00   Z5;
X30   Y50;
Z – 6;
G01   Z – 7;
X – 28.05;
```

#10 = 8；

N19　G03　I1. 95　Z － #10；

#10 = #10 + 1；

IF　［#10　LE　20］　GOTO19；

G03　I1. 95；

G01　X － 30；

G00　Z5；

G00　Z100；

G91　G28　Z0；

M05；

T05　M06；　　　　　　　　　　　　　M42 × 1. 5-7H 螺纹孔加工

G54　G90；

M03　S2000；

G43　G00　Z100　H05；

X0　Y － 18；

Z － 9；

G01　X － 11　F100；

#11 = 10. 5；

N9　G03　I11　Z － #11；

#11 = #11 + 1. 5；

IF　［#11　LE　28. 5］　GOTO9；

G01　X0；

G00　Z100；

G91　G28　Z0；

M05；

T06　M06；　　　　　　　　　　　　　铰 3 个 ϕ16H7 孔至尺寸

G54　G90；

G43　G00　Z100　H06；

M03　S240；

X0　Y － 18；

Z5；

G98　G85　X0　Y － 18　Z － 45　R － 30　F75；

G98　G85　X － 30　Y50　Z － 19. 8　R － 5　F75；

X30；

G80；

G00　Z100；

G91　G28　Z0；

M05；

T07　M06；　　　　　　　　　　　　　2 个 R45mm 曲线的 R3mm 倒角，

```
G54    G90;
G43    G00    Z100    H07;
M03    S2780;
G52    X0    Y0    Z-3;
M98    P0004;
G24    X0;
M98    P0004;
G24    X0;
G52    X0    Y0    Z0;
G00    Z15;
G52    X0    Y0    Z8;
X0    Y-18;
#1 = 26;
#2 = 8;
#3 = 44/2;
#4 = 4;
#5 = #1 - #4;
#6 = ACOS[#2/#1] + 1;
#7 = ASIN[#3/#1] - 1;
N11    G01    Z-[#5*COS[#6]];
X-[#5*SIN[#6]];
G03    [#5*SIN[#6]];
G01    X0;
#6 = #6 - 1;
IF    [#6    GE    #7]    GOTO11;
G00    Z100;
M05;
G91    G28    Z0;
M30;
子程序
O0002;
G00    X110    Y-80;
Z2;
G01    Z0    F268;
#1 = 1;
N1    Z-#1;
G41    Y-63    D03;
X90;
```

程序说明
粗铣左右 R45mm 处曲线轮廓

X75. 631　Y − 59. 150；

G02　X68. 476　Y − 41. 336　R12；

G03　Y5. 336　R45；

G02　X75. 631　Y23. 150　R12；

G01　X90　Y27；

X110；

G40　Y − 80；

#1 = #1 + 1；

IF　［#1　LE　10］　GOTO1；

G00　Z5；

M99；

子程序

00003；

G00　X110　Y − 80；

Z2；

G01　Z − 10；

G41　Y − 63　D41；

X90；

X75. 631　Y − 59. 150；

G02　X68. 476　Y − 41. 336　R12；

G03　Y5. 336　R45；

G02　X75. 631　Y23. 150　R12；

G01　X90　Y27；

X110；

G40　Y20；

G00　Z5；

M99；

子程序

00004；

#1 = 0；

#2 = 4；

#3 = 3；

#4 = #2 + #3；

X110　Y − 80；

Z15；

N10　G01　Z［#4 * COS［#1］］　F140；

#13007 = #4 * SIN［#1］ − #3；

G41　Y − 63　D07；

X90；

程序说明
精铣左右 R45mm 处曲线轮廓

程序说明
2 个 R45mm 曲线的 R3mm 倒角

X75.631 Y－59.150；

G02 X68.476 Y－41.336 R12；

G03 Y5.336 R45；

G02 X75.631 Y23.150 R12；

G01 X90 Y27；

X110；

G40 Y－80；

#1＝#1＋1；

IF ［#1 LE 90］ GOTO10；

G00 Z15；

M99；

（2）件2程序

主程序   程序说明

O1002；

T01 M06；   铣零件上表面

G54 G90 G40 G80 G17 G69 G49 G21；

G00 G43 Z100 H01；

M03 S1592；

X－110 Y－90；

Z2；

G01 Z0 F478；

X110；

Y－60；

X－110；

Y－30；

X110；

Y0；

X－110；

Y30；

X110；

Y60；

X－110；

Y90；

X110；

G00 Z100；

M05；

G28 G91 Z0；

T02 M06；   预钻3个 φ16mm 孔至尺寸 φ11mm，
                             预钻花瓶曲线4个 R8mm 轮廓内拐角

```
G90   G54;
G00   G43   Z100   H02;
M03   S1380;
G99   G83   X0   Y-18   Z-21   Q8   R5   F276;
X-30   Y50;
X30;
X-10   Y80   Z-9.8;
X10;
X14   Y-80;
G98   X-14;
G80;
M05;
G91   G28   Z0;
T03   M06;
```

粗铣左右 $R45$mm 处曲线轮廓，粗铣
花瓶曲线 $\phi100$mm 内轮廓

```
G54   G90;
G00   G43   Z100   H03;
M03   S1910;
M98   P0005;
G24   X0;
M98   P0005;
G24   X0;
G00   X0   Y-18;
Z2;
G01   Z0;
#1=1;
G01   X-15;
N2   G03   I15   Z-#1;
#1=#1+1;
IF[#1   LE   10]   GOTO2;
G03   I15;
G01   Z0;
#1=1;
G01   X-33;
N3   G03   I33   Z-#1;
#1=#1+1;
IF[#1   LE   10]   GOTO3;
G03   I33;
G00   Z100;
```

8 PROJECT

```
M05；
G91  G28  Z0；
T04  M06；
```

扩铣花瓶曲线 6 个 $R8mm$ 轮廓内拐角，粗铣花瓶曲线内轮廓，扩 $\phi16mm$ 预孔至尺寸 $\phi15.8mm$，精铣花瓶曲线内轮廓至尺寸，精铣左右 $R45mm$ 处曲线轮廓

```
G54  G90；
G00  Z100  G43  H04；
M03  S2650；
X-14  Y-80；
Z2；
#1=0.5；
N4  G01  Z-#1  F795；
G42  X6  D04；
G02  X0  Y-88  R12；
G01  X-14；
G02  X-20.129  Y-74.858  R8；
G03  X-22.636  Y-62.583  R8；
G02  X-32  Y20.419  R50；
G03  X-28.374  Y23.755  R50；
G03  X-32.75  Y40.385  R10；
G02  X-27.721  Y59.737  R10；
G03  X-15.801  Y72.133  R10；
G03  X-17.448  Y77.081  R50；
G02  X-10  Y88  R8；
G01  X10；
G02  X17.448  Y77.081  R8；
G03  X15.801  Y72.133  R50；
G03  X27.721  Y59.737  R10；
G02  X30.75  Y40.385  R10；
G03  X28.374  Y23.755  R10；
G03  X32  Y20.419  R50；
G02  X22.636  Y-62.583  R50；
G03  X20.129  Y-74.858  R8；
G02  X14  Y-88  R8；
G01  X0；
G02  X-22  Y-80  R8；
G01  G40  X-14；
#1=#1+1；
```

```
IF  [#1  LE  3.5]  GOTO4;
G01  Z0;
#1 = 1;
N5  G01  Z - #1;
G41  X - 22  D04;
G03  X - 14  Y - 88  R8;
G01  X14;
G03  X20.129  Y - 74.858  R8;
G02  X22.636  Y - 62.583  R8;
G03  X32  Y20.419  R50;
G02  X17.448  Y77.081  R50;
G03  X10  Y88  R8;
G01  X - 10;
G03  X - 17.448  Y77.081  R8;
G02  X - 32  Y20.419  R50;
G03  X - 22.636  Y - 62.583  R50;
G02  X - 22.129  Y - 74.858  R8;
G03  X - 14  Y - 88  R8;
G03  X - 6  Y - 80  R8;
G01  G40  X - 14;
#1 = #1 + 1;
IF  [#1  LE  10]  GOTO5;
G00  Z5;
X - 30  Y50;
Z - 2;
G01  Z - 3;
X - 31.9;
#1 = 4;
N6  G03  I1.9  Z - #1;
#1 = #1 + 1;
IF  [#1  LE  18]  GOTO6;
G03  I1.9;
G01  X - 30;
G00  Z5;
X30  Y50;
Z - 2;
G01  Z - 3;
X - 28.1;
#1 = 4;
```

```
N7  G03  I1.9  Z-#1;
#1 = #1 +1;
IF [#1  LE  18]  GOTO7;
G03  I1.9;
G01  X-30;
G00  Z5;
X0  Y-18;
Z-9;
G01  Z-10;
X-1.9;      •
#1 = 11;
N8  G03  I1.9  Z-#1;
#1 = #1 +1;
IF [#1  LE  18]  GOTO8;
G03  I1.9;
G01  X0;
G00  Z5;
X-14  Y-80;
N5  G01  Z-10;
G41  X-22  D14;
G03  X-14  Y-88  R8;
G01  X14;
G03  X20.129  Y-74.858  R8;
G02  X22.636  Y-62.583  R8;
G03  X32  Y20.419  R50;
G02  X17.448  Y77.081  R50;
G03  X10  Y88  R8;
G01  X-10;
G03  X-17.448  Y77.081  R8;
G02  X-32  Y20.419  R50;
G03  X-22.636  Y-62.583  R50;
G02  X-22.129  Y-74.858  R8;
G03  X-14  Y-88  R8;
G03  X-6  Y-80  R8;
G01  G40  X-14;
G00  Z5;
M98  P0005;
G24  X0;
M98  P0005;
```

```
G24    X0;
G00    Z100;
M05;
G91    G28    Z0;
T06    M06;                                    铰3个φ16H7孔至尺寸
G54    G90;
G00    Z100    G43    H06;
M03    S240;
G00    X0    Y-18;
Z5;
G98    G85    X0    Y-18    Z-22    R-8    F72;
G98    G85    X-30    Y50    Z-22    R-2    F72;
G98    X-30;
G00    Z100;
M05;
G91    G28    Z0;
M30;
子程序                                         程序说明
O00005;                                        粗铣左右R45mm处曲线轮廓
G00    X110    Y-48;
Z2;
G01    Z0    F268;
#1=0.5;
N1    Z-#1;
G42    Y-63    D03;
X90;
X75.631    Y-59.150;
G02    X68.476    Y-41.336    R12;
G03    Y5.336    R45;
G02    X75.631    Y23.150    R12;
G01    X90    Y27;
X110;
G40    Y-48;
#1=#1+1;
IF    [#1    LE    10.5]    GOTO1;
G00    Z5;
M99;
子程序                                         程序说明
O00006;                                        精铣左右R45mm处曲线轮廓
```

PROJECT 8

221

```
G00   X110   Y－48；
Z2；
G01   Z－10.5   F268；
G42   Y－63   D13；
X90；
X75.631   Y－59.150；
G02   X68.476   Y－41.336   R12；
G03   Y5.336   R45；
G02   X75.631   Y23.150   R12；
G01   X90   Y27；
X110；
G40   Y20；
G00   Z5；
M99；
```

8.4   任务评价与总结提高

8.4.1   任务评价

本任务的考核标准见表 8-4，本任务在该课程考核成绩中的比例为 5%。

表 8-4   考 核 标 准

序号	工作过程	主要内容	建议考核方式	评分标准	配分
1	资讯（10分）	任务相关知识查找	教师评价50% 相互评价50%	通过资讯查找相关知识学习，按任务知识能力掌握情况评分	15
2	决策计划（10分）	确定方案、编写计划	教师评价80% 相互评价20%	根据零件图样，选择工具、夹具、量具，编写程序并加工零件	20
3	实施（10分）	格式正确、应用合理、合理性高	教师评价20% 自己评价30% 相互评价50%	根据零件图样，选择设备、工具、夹具、刀具，编写程序并完成零件加工	30
4	任务总结报告（60分）	记录实施过程、步骤	教师评价100%	根据零件图样程序编制的任务分析、实施、总结过程记录情况，提出新方法等情况评分	15
5	职业素养团队合作（10分）	工作积极主动性，组织协调与合作	教师评价30% 自己评价20% 相互评价50%	根据工作积极主动性以及相互协作情况评分	20

成绩分试件得分和工艺与程序得分两部分，满分 100 分，其中试件得分最高 80 分，工艺与程序得分 20 分，现场操作不规范倒扣分。

现场得分成绩由现场老师按评分标准评定，试件得分成绩由老师根据试件检测结果，按评分标准评定。成绩评分标准见表8-5。

表8-5　评　分　标　准

工件编号					总　得　分			
项目与配分		序号	考核内容		配分	评分标准	检测结果	得分
工件质量评分（80%）	件1 $R45$mm 曲线台	1	$R12$mm、$R45$mm	$Ra3.2\mu m$	3	不合格不得分		
		2	30°、15°		3	不合格不得分		
		3	10mm	$Ra3.2\mu m$	2	超差0.01mm扣1分		
		4	$150^{+0.06}_{+0.02}$mm	$Ra3.2\mu m$	3	超差0.01mm扣1分		
		5	$R3$mm	$Ra3.2\mu m$	3	不合格不得分		
	件1 花瓶曲线轮廓	6	$176^{-0.04}_{-0.08}$mm	$Ra3.2\mu m$	2	超差0.01mm扣1分		
		7	$\phi100^{-0.04}_{-0.08}$mm	$Ra3.2\mu m$	2	超差0.01mm扣1分		
		8	$\phi80^{-0.04}_{-0.08}$mm	$Ra3.2\mu m$	2	超差0.01mm扣1分		
		9	$R50$mm、$R10$mm、$R8$mm	$Ra3.2\mu m$	3	不合格不得分		
		10	$1.57^{-0.03}_{-0.06}$mm	$Ra3.2\mu m$	6	超差0.01mm扣2分		
		11	$\phi52^{+0.08}_{-0.03}$mm	$Ra3.2\mu m$	2	超差0.01mm扣1分		
		12	$8^{+0.08}_{-0.05}$mm	$Ra3.2\mu m$	1	超差0.01mm扣1分		
		13	$7^{+0.05}_{0}$mm	$Ra3.2\mu m$	1	超差0.01mm扣1分		
	件1 环形孔	14	$\phi44$mm	$Ra3.2\mu m$	1	超差0.01mm扣1分		
		15	$SR26$mm	$Ra3.2\mu m$	3	不合格不得分		
		16	$M42\times1.5$	$Ra1.6\mu m$	4	不合格不得分		
		17	32mm、28mm、10mm	$Ra3.2\mu m$	3	不合格不得分		
		18	$\phi16^{+0.018}_{0}$mm	$Ra1.6\mu m$	2	超差0.01mm扣1分		
	件1 孔	19	$2\times\phi16^{+0.018}_{0}$mm	$Ra1.6\mu m$	2	超差0.01mm扣1分		
		20	$2\times\phi11$mm	$Ra3.2\mu m$	1	超差0.01mm扣1分		
		21	(60 ± 0.02)mm		1	不合格不得分		
		22	20mm	$Ra3.2\mu m$	1	不合格不得分		
		23	有效深15mm		1	不合格不得分		
	件2 $R45$mm 曲线槽	24	$R12$mm、$R45$mm	$Ra3.2\mu m$	2	不合格不得分		
		25	30°、15°		2	不合格不得分		
		26	10.5mm	$Ra3.2\mu m$	1	超差0.01mm扣1分		
		27	$150^{-0.02}_{-0.04}$mm	$Ra3.2\mu m$	1	超差0.01mm扣1分		
	件2 花瓶曲线轮廓	28	$\phi80^{-0.04}_{-0.08}$	$Ra3.2\mu m$	2			
		29	$176^{+0.08}_{+0.04}$mm	$Ra3.2\mu m$	1	超差0.01mm扣1分		
		30	$\phi100^{+0.08}_{+0.04}$mm	$Ra3.2\mu m$	1	超差0.01mm扣1分		
		31	$R50$mm、$R10$mm、$R8$mm	$Ra3.2\mu m$	2	不合格不得分		
		32	3.5mm	$Ra3.2\mu m$	1	超差0.01mm扣1分		
		33	10.5mm	$Ra3.2\mu m$	1	超差0.01mm扣1分		

（续）

工件编号		序号	考核内容		配分	总 得 分		
项目与配分						评分标准	检测结果	得分
工件质量评分（80%）	件2孔	34	中心孔 $\phi16^{+0.018}_{0}$ mm	$Ra1.6\mu m$	1	超差0.01mm扣1分		
		35	$2\times\phi16^{+0.018}_{0}$ mm	$Ra1.6\mu m$	2	超差0.01mm扣1分		
		36	(60 ± 0.02) mm		1	不合格不得分		
	配合	37	件1与件2		10	不合格不得分		
程序与工艺（20%）		38	程序正确合格		5	出错一处扣2分		
		39	加工工艺卡片		15	不合理一处扣5分		
机床操作（倒扣分）		40	机床操作规范		扣	出错一次扣2分		
		41	工件、刀具使用		扣	出错一次扣2分		
安全文明操作（倒扣分）		42	安全操作		扣	一次事故扣5分		
		43	机床保养		扣	不整理机床扣8分		
合　计								

8.4.2　任务总结

实操中，配合件一般有配合精度要求，选择配合件加工顺序的原则是：加工量少、测量方便。在有销孔和腔槽结构的配合件中，一般做法是先进行销孔预加工，腔槽粗精加工，最后进行销孔精加工。一般粗加工切削参数选得较高，加工过程中配合件可能有微量位移。为了避免有孔和腔槽加工中出现位置误差，应采用上述加工顺序。配合尺寸确定的原则是：配合面外形尽量靠下偏差，配合面内腔应尽可能靠上偏差，以保证配合精度和相配试件尺寸精度。

通过该任务的练习，学生能够分析配合件的关键要素，能够根据零件图样及技术要求合理地安排加工工艺，编制加工程序，完成零件的加工，并满足零件的配合要求。

8.4.3　练习与提高

1. 已知件1毛坯尺寸为150mm×120mm×25mm，件2毛坯尺寸为150mm×120mm×20mm，毛坯材料为45钢调质，25～32HRC。零件图如图8-9所示。根据图样及技术要求来完成零件的加工（该零件若除关于原点对称）。

2. 已知件1毛坯尺寸为150mm×120mm×25mm，件2毛坯尺寸为150mm×120mm×20mm，毛坯材料为铝。零件图如图8-10所示。根据图样及技术要求来完成零件的加工。

3. 已知件1毛坯尺寸为150mm×120mm×25mm，件2毛坯尺寸为150mm×120mm×20mm，毛坯材料为45钢调质，25～32HRC。零件图如图8-11所示。根据图样及技术要求来完成零件的加工。

8

PROJECT

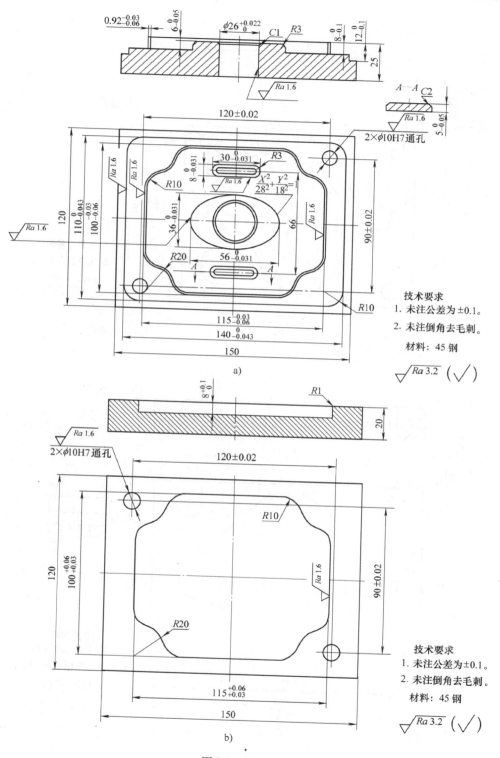

图 8-9　题 1 图

a）凸件　b）凹件

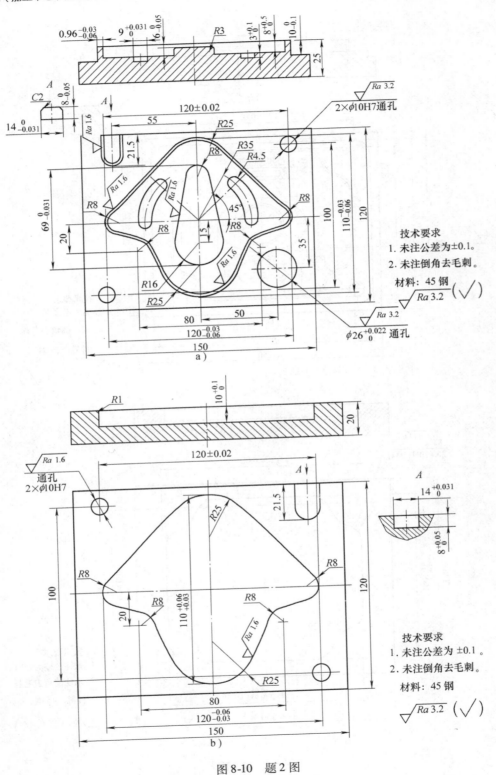

图 8-10　题 2 图

a) 凸件　b) 凹件

PROJECT 8

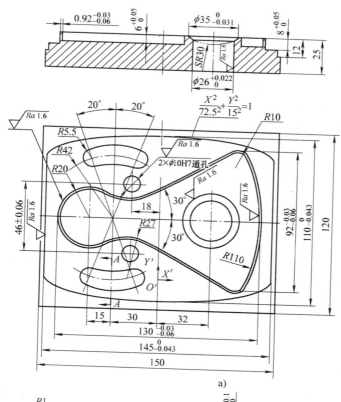

A—A（共2处）

技术要求

1. 未注公差尺寸按GB/T 1804—m。
2. 四周不加工。
3. 未注倒角去毛刺。

材料：45钢

$\sqrt{Ra\,3.2}\ \left(\sqrt{}\right)$

a）

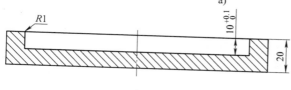

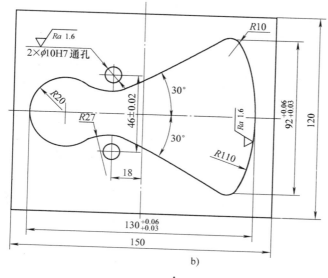

技术要求

1. 未注公差尺寸按GB/T 1804—m。
2. 四周不加工。
3. 未注倒角去毛刺。

材料：45钢

$\sqrt{Ra\,3.2}\ \left(\sqrt{}\right)$

b）

图8-11 题3图

a）凸件 b）凹件

8

PROJECT

参 考 文 献

［1］　赵长明，刘万菊. 数控加工工艺及设备［M］. 北京：高等教育出版社，2008.

［2］　顾京. 数控加工编程及操作［M］. 北京：高等教育出版社，2008.

［3］　韩鸿鸾，张秀玲. 数控加工技师手册［M］. 北京：机械工业出版社，2005.

［4］　苗志毅，刘宏伟. 数控加工编程技术［M］. 郑州：河南科学技术出版社，2006.

［5］　赵军华，肖龙. 数控铣削（加工中心）加工操作实训［M］. 北京：机械工业出版社，2008.

［6］　吴新佳. 数控加工工艺与编程［M］. 北京：人民邮电出版社，2009.

［7］　顾晔，楼章华. 数控加工编程与操作［M］. 北京：人民邮电出版社，2009.

［8］　HNC-21T 数控车床编程说明书.

［9］　HNC-21T 数控车床操作说明书.

［10］　FANUC 0i-MB 数控铣床编程说明书.

［11］　FANUC 0i-MB 数控铣床操作说明书.